宇宙瞭望者：空间天文台

美国世界图书出版公司（World Book, Inc.）著

李新健　译

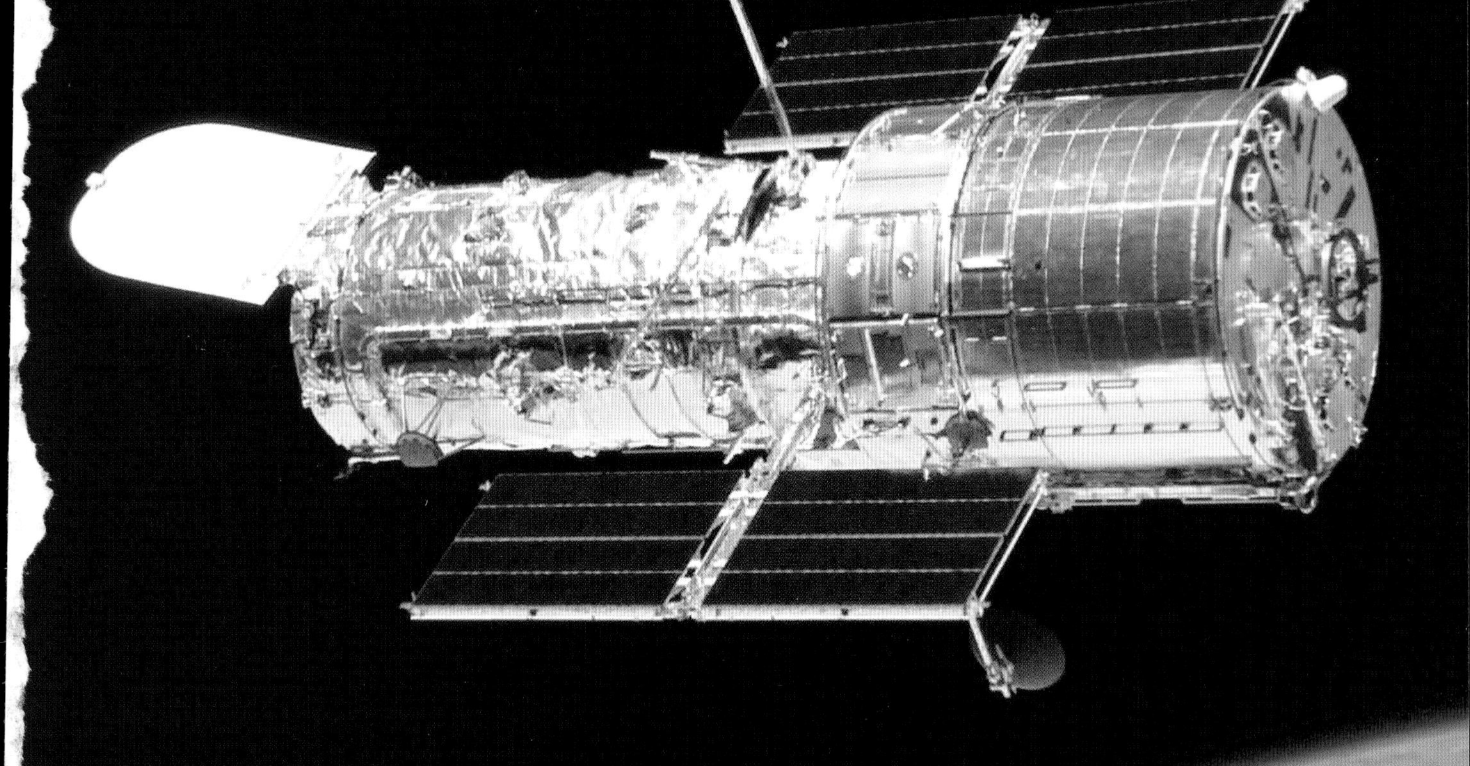

机械工业出版社
CHINA MACHINE PRESS

为了探索宇宙，天文学家一直致力于在太空中兴建天文台，那么空间天文台都有哪些种类？它们怎样展开工作？空间天文台需要配备哪些仪器？都能探测到哪些信号？利用这些信号，科学家们能分析得到什么结论？在太空中兴建天文台真的可以吗？本书带你跟着天文学家一起去探索这些谜题。

图书在版编目（CIP）数据

宇宙瞭望者：空间天文台 / 美国世界图书出版公司著；李新健译．—北京：机械工业出版社，2019.9（2022.10重印）
书名原文：Observatories in Space
ISBN 978-7-111-63480-5

Ⅰ.①宇…　Ⅱ.①美…②李…　Ⅲ.①天文台－普及读物
Ⅳ.①P112-49

中国版本图书馆CIP数据核字（2019）第173211号

机械工业出版社（北京市百万庄大街22号　邮政编码100037）
策划编辑：赵　屹　责任编辑：赵　屹　蔡　浩
责任校对：刘鸿雁　责任印制：孙　炜
北京利丰雅高长城印刷有限公司印刷
2022年10月第1版第9次印刷
203mm×254mm・4印张・2插页・56千字
标准书号：ISBN 978-7-111-63480-5
定价：49.00元

电话服务	网络服务
客服电话：010-88361066	机　工　官　网：www.cmpbook.com
010-88379833	机　工　官　博：weibo.com/cmp1952
010-68326294	金　书　网：www.golden-book.com
封底无防伪标均为盗版	机工教育服务网：www.cmpedu.com

目 录

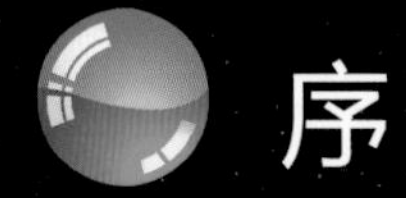

序

作为一名在天文领域从事研究二十余年的天文科研人员而言，很高兴近些年有很多不错的天文学作品出现，我一直关注这些作品，特别是科普作品。在过去的几年当中，也做了一些关于天文领域的科普宣传，很高兴能为天文学的科普事业做些事，如今受机械工业出版社的编辑邀请，为这套天文书写推荐序，我感到十分荣幸。

德国的伟大哲学家康德曾经说过：“有两种东西，我对它们的思考越是深沉和持久，它们在我心灵中唤起的惊奇和敬畏就会日新月异，不断增长，这就是我头上的星空和心中的道德定律。”我以前碰到过一个资深的国际知名学术期刊的编辑，他说自己曾经做过统计，90%的小朋友对于两样事物很感兴趣，那就是星空和恐龙。无论对于成人还是孩子，了解星空的奥秘可以说是人类心中最原始的一种愿望。

这是一套包含了天文基本知识介绍并且图文并茂的书籍，从最想了解的宇宙知识到银河、再到恒星以及它们的故事，比如宇宙有多大？宇宙是如何产生的？望远镜可以看多远？什么是暗能量？什么是暗物质？等等。凡是我们通常有的疑问，几乎都可以在这套天文书中找到答案。

回想我自己对天文知识的学习，其实还是蛮不易的。小时候同其他的小朋友一样，对于天文很感兴趣，但是在书籍匮乏和经济落后的西北小镇，几乎没有太多的渠道获取最新的天文知识，听到的时常是各种科学谣言，也就是一些天文学名词外加编造出来的故事，很多时候，这些发生在天体当中的事情被说得玄而又玄。在这种情况下，我对天文学的兴趣还能保留下来，之后还考入南京大学系统学习天文学，现在想来着实不易。看了这套书，我时常在想，如果我能够像现在的孩子一样，在我最想了解星空的时候，拥有一套类似这样的天文书，将是何等幸福和满足，在愿望最强烈的时候得到科学的指引，也许能碰撞出更不一样的火花。愿这套书籍能够在读者最想了解星空的时候，帮助读者解答心中的疑惑，坚定理想，对未来充满希望。

尽管这套书针对的读者对象是青少年，不过对于那些同样对星空充满好奇心的成人而言，这套书也是非常不错的选择，是一套可以用来入门的轻松的天文读物，是可以家庭共享的一套书籍。

好书是良师更是益友，希望读者能够开卷受益。

苟利军

中国科学院国家天文台研究员

中国科学院大学天文学教授

《中国国家天文》杂志执行总编

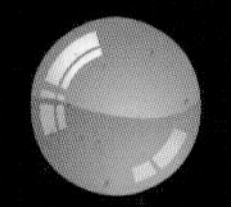

前言

数千年来，人们从未停止仰望星空。许多最初的石制建筑都被断定是专为观测星空而造。在过去的几个世纪，因为新技术的应用，天文学出现跨越式的发展，改变了人类看待宇宙的方式。

但在地球表面观测宇宙还是有诸多限制，因为地球表面的大气层会阻挡光线射入。现在，许多令人振奋的天文发现都是依靠被送到宇宙空间的空间天文台完成的。排除大气层干扰以后，天文学已进入崭新阶段。

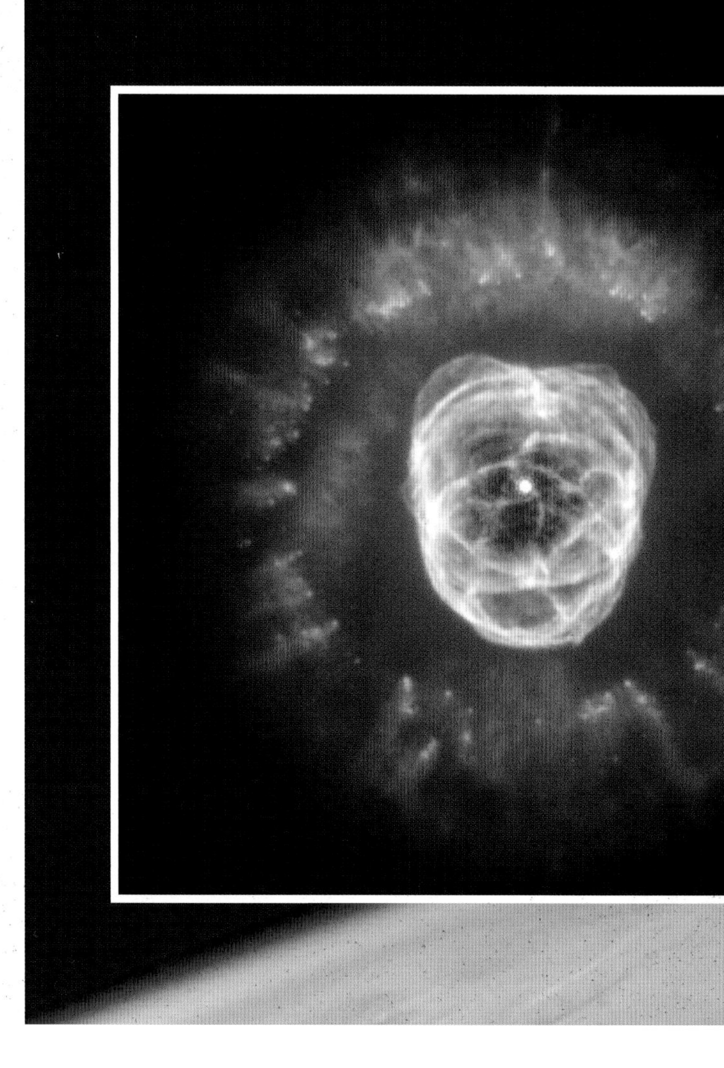

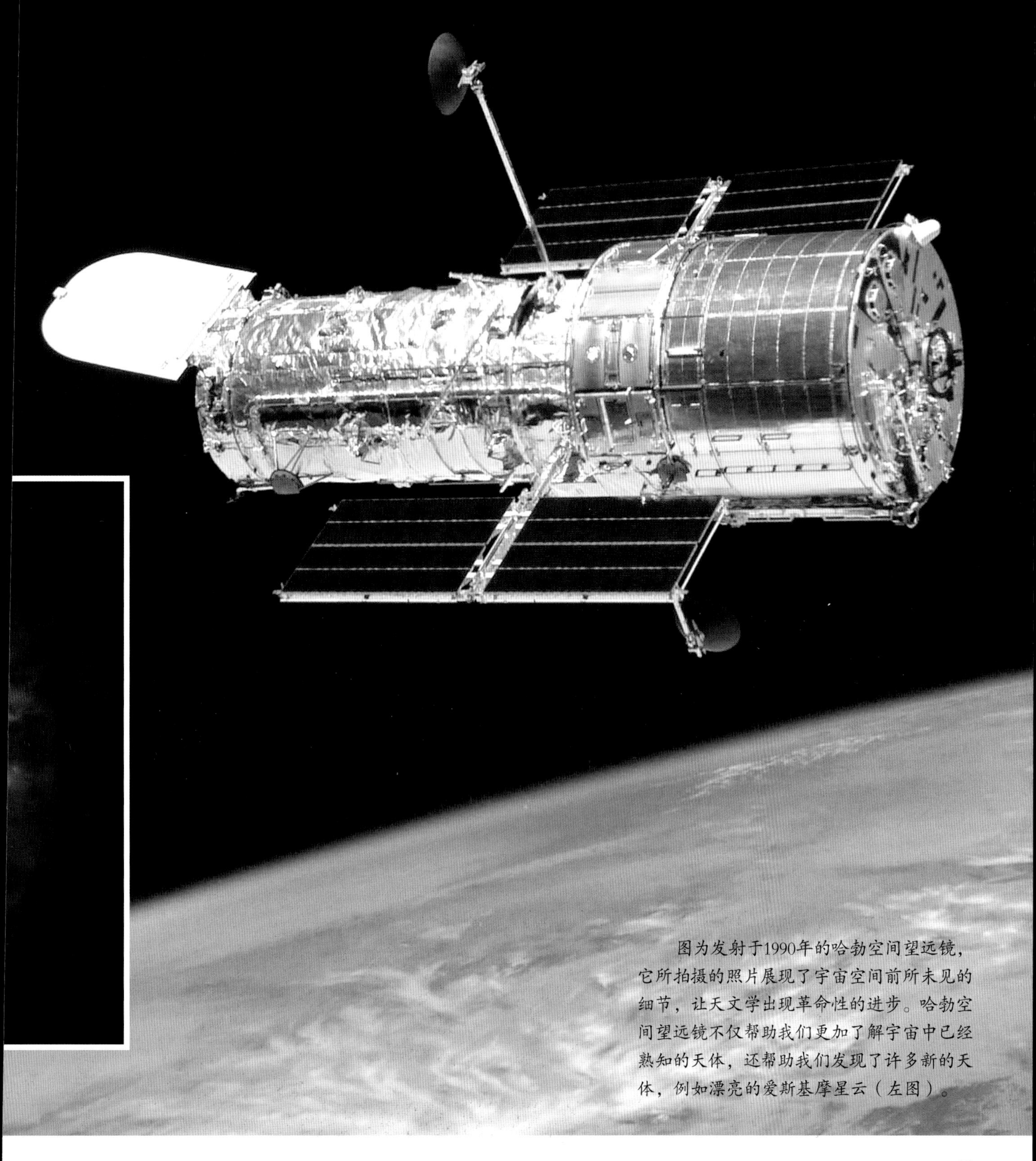

图为发射于1990年的哈勃空间望远镜，它所拍摄的照片展现了宇宙空间前所未见的细节，让天文学出现革命性的进步。哈勃空间望远镜不仅帮助我们更加了解宇宙中已经熟知的天体，还帮助我们发现了许多新的天体，例如漂亮的爱斯基摩星云（左图）。

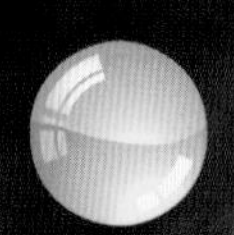

天文学家为什么要将探测器送至空中和宇宙空间?

一闪而过

明亮的夜空中满是闪烁的恒星，恒星之所以会闪烁是因为大气层的畸变作用使得恒星发出的光时隐时现。大气层的畸变作用严重影响人类肉眼和望远镜对恒星的观测。

恒星的闪烁现象归因于太阳。太阳加热地球表面的大气层，由于加热不均匀，因此光线通过不均匀的介质后发生了弯曲。天文学家必须借用望远镜才能得到清晰的天体照片。天体发射或反射的光线集中于镜头上一点，才能得到清晰的照片，但由于光线发生了弯曲，所以光线照射在镜头上的不同点，最终天文学家得到的是模糊的照片。

厚厚的毯子

除了弯曲光线，大气层还屏蔽了大部分光线。人类肉眼可以直接看到的光被命名为可见光，可见光是电磁辐射的一部分。比可见光更弱或更强的光可以告诉天文学家关于宇宙的更多信息，但是，大气层如厚厚的毯子阻挡光线射入地球表面。为探测这些光，天文学家必须将观测设备送至大气层之上。

稀薄空气

最简单的减少大气层对观测影响的方法是登上高山。在海拔较高的区域，大气层变得稀薄，畸变作用减弱，因此许多天文台建在高山之上。

为了将观测设备送至更高海拔，天文学家将望远镜绑在特制的气球上，将之送至更高的位置。飞机也可以携带观测设备，即机载天文台。但要完全消除大气层的影响，就必须将观测设备送到宇宙空间。现如今，天文学家已经发射了许多天文台到大气层以外的宇宙空间。

光线穿过大气层后射向不同方向。

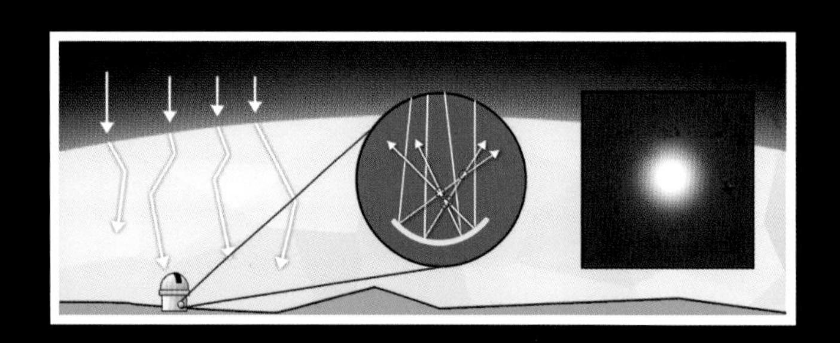

大气层的畸变作用使地面望远镜所拍摄的照片模糊不清。

地球大气层造成许多地面光学望远镜成像模糊。除此以外，许多人类肉眼无法直接看到的非可见光也会被大气层屏蔽。

该图为斯皮策空间望远镜拍摄的红外线（热辐射）照片——在一团由尘埃和气体构成的云状物遮蔽之下，不断有新的恒星诞生。

因为没有大气层的折射作用，光线在到达空间天文台时是相互平行的。

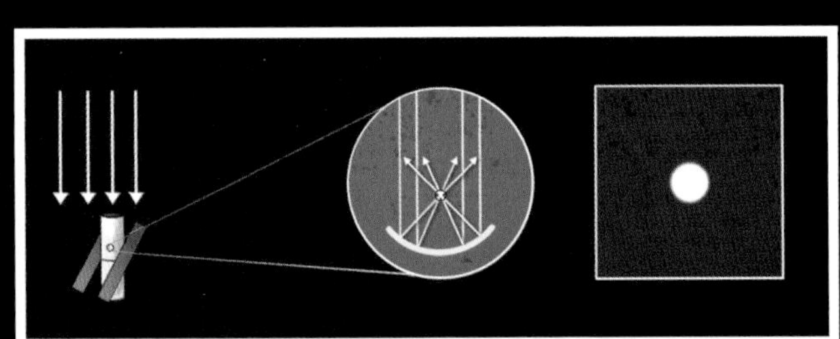

相互平行的光线被反射到镜头上一点，形成非常清晰的图像。

气球天文台

为将观测设备送至大气层之上，特制气球是天文学家最早借助的工具。考虑到成本和便捷程度，即便进入空间天文台时代，特制气球依然未被淘汰。气球能上升的最大高度可达30多公里，它能携带两吨重的观测设备，并可以在空中盘桓数周。当气球上升至设定高度时，它看上去像运动场那么大。

在瑞典，气球被送至高空，上面的设备用于观测太阳及其磁场。

南极洲的科学家正在将观测设备绑在气球上，用其测量臭氧层空洞的大小。

气球天文台所需的成本仅为空间天文台的很小一部分。

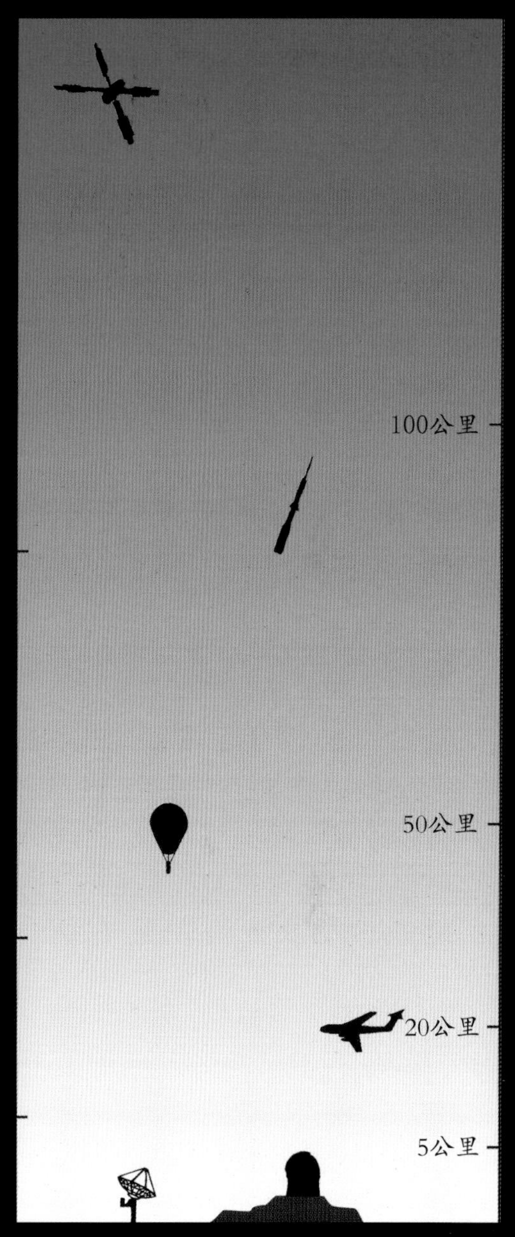

高度越高，大气越稀薄，即便提升很小的高度也能增加观测设备拍摄照片的质量。因此许多可以将观测设备送至高空的技术被应用，例如飞机、气球、探空火箭、人造卫星等。

什么是机载天文台?

在某些观测情况下，科学家们并不需要将大部分观测设备送至大气层之上，飞机即可相当程度地避开大气层的干扰。

机载天文台通常用于观测红外线，即热辐射。人类肉眼无法直接看到红外线——它是不可见光——但望远镜可以观测到红外线。虽然一部分红外线可以抵达地球表面，但是，因为大部分红外线被大气层中的水蒸气和其他气体吸收，抵达地面的红外线所剩无几。借助装有红外望远镜的机载天文台，天文学家已经得到了许多重大发现。

玻璃窗与氧气面罩

20世纪60年代，美国国家航空航天局（NASA，以下简称美国宇航局）造出第一台装有红外望远镜的机载天文台——伽利略号。在实际观测物体时，科学家们发现光线必须穿透玻璃才能射入望远镜，但玻璃足以屏蔽相当一部分红外线。即便如此，天文学家还是借助伽利略号发现了土星环表面存在固态水、金星表面大气层不含水蒸气。

1967年，美国宇航局的科学家拿掉了机载天文台的玻璃窗。而后，被由尘埃和气体构成的云状物遮住的银河系中心首次通过伽利略号展现在人类面前。但是，拿掉玻璃窗又带来其他问题，空气稀薄这一优势变为劣势，敞开的窗户让天文学家处于空气稀薄的环境中，他们要借助氧气面罩保证呼吸，这给观测过程平添麻烦。

1974年，美国宇航局建造完成柯伊伯机载天文台，它装有口径为91.5厘米的红外望远镜。工程师在飞机中开辟了独立开放空间用于放置望远镜，并将之与机身其他区域隔离，这样的话，天文学家不用再佩戴氧气面罩。柯伊伯机载天文台之后发现了天王星环，并观测到了恒星的形成过程。

天文学家登上美国宇航局柯伊伯机载天文台（图左），它是第一台大型机载天文台，曾有许多重大发现，例如证明天王星存在星环、土星大气层中有水等。从1975年到1995年，柯伊伯机载天文台共执行了超过1400次飞行任务。

极限高飞

2010年，美国宇航局联合德国航空航天中心将一台机载天文台送至平流层，这台装有一架口径为2.5米的红外望远镜的天文台被命名为“索菲亚”，它的最大飞行高度可达15000米。这是一架波音747飞机，飞机机身一侧有巨大的开放空间。2.5米口径的红外望远镜是所有机载天文台中口径最大的。

科学家正在分析装在“索菲亚”上的红外望远镜收集的数据。

美国宇航局的工作人员摘下平流层红外天文台——“索菲亚”的望远镜，对这台口径为2.5米的望远镜进行保养，它的主镜是所有机载天文台中最大的。

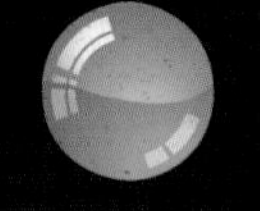

什么是探空火箭?

为把观测设备送至大气层之上，科学家不仅会用气球，还会借助探空火箭。大部分探空火箭相对较小，无法抵达绕地飞行轨道（距离地面约200公里）。探空火箭向上飞行，并沿弯曲轨迹返回地面，科学家将火箭返回的弯曲轨迹称为弹道。探空火箭可以将观测设备送至大气层之上，停留15分钟左右。

你知道吗?

公元1200年，中国人已经发明出固态燃料火箭，其燃料室内装的是火药。

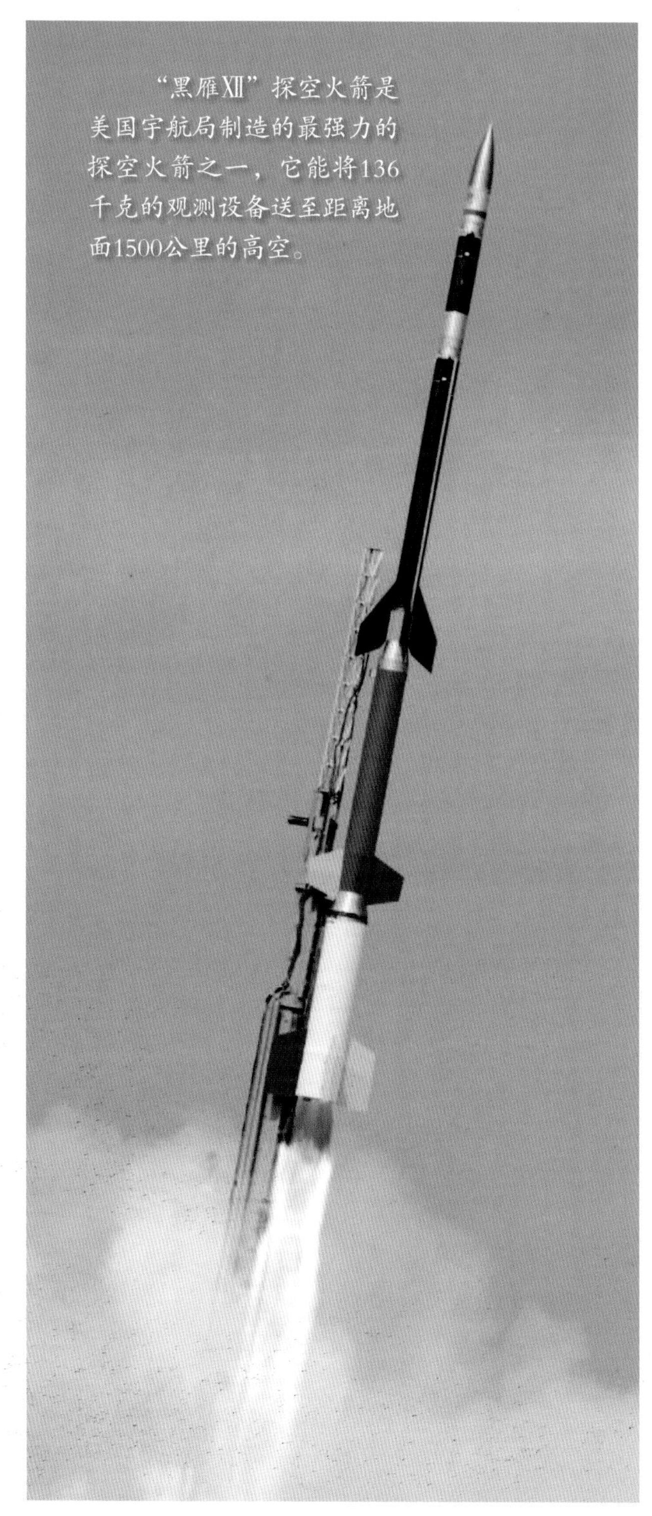

“黑雁Ⅻ”探空火箭是美国宇航局制造的最强力的探空火箭之一，它能将136千克的观测设备送至距离地面1500公里的高空。

探空火箭携带用于天文观测的设备，将之送至大气层之上。

X射线

1962年，科学家成功发射了一枚装有盖革计数器（用于观测X射线的装置）的火箭。因为大气层会完全吸收X射线，探空火箭让科学家有了观测X射线的机会。

天文学家开始只知道太阳会放射出X射线，但在1962年，探空火箭发现天蝎座X-1同样可以放射出X射线，它是在太阳系外发现的第一个X射线源，也是在太阳之外天空中最强的X射线源。而后天文学家才发现宇宙中充满X射线。

进击的火箭

虽然卫星已经逐渐取代了探空火箭，但是，因为制造成本低，发射周期短，科学家能迅速将其送至大气层之上，所以探空火箭还未被淘汰。当科学家发现爆炸的恒星时，他们会迅速发射一枚装有观测设备的探空火箭。探空火箭还被用于设备检测，以及天文学系学生教学。

弗吉尼亚州几所大学的学生设计的探空火箭正在发射。

探空火箭是将观测设备送至大气层之上的小型火箭。

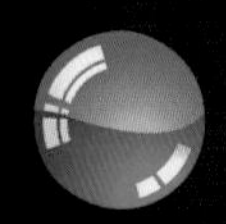

什么是空间探测器?

天空之上

空间探测器已经抵达地球以外的天体。1959年，美国和苏联发射了空间探测器至绕月轨道，并拍摄了月球表面的照片。1966年，美国和苏联的空间探测器在月球表面降落。

20世纪60年代，科学家开始发射空间探测器到太阳系内其他岩质行星，包括水星、金星、火星。20世纪70年代，科学家又发射了先驱者号和旅行者号空间探测器至气态巨行星，包括木星、土星、天王星和海王星。2006年，美国宇航局发射新视野号空间探测器，它于2015年飞掠冥王星。

科学家还向许多小行星和彗星发射了空间探测器，它们多数仅是掠过这些天体，同时拍下照片。2004年，一台空间探测器收集到彗星尾部的尘埃样本。2005年，一台空间探测器坠毁在小行星上，当时，它正对该天体的构成成分进行分析。

自2006年开始，火星勘测轨道飞行器便开始利用照相机、雷达等设备研究这颗红色行星。

插画师绘制

你知道吗?

1998年2月17日，旅行者1号空间探测器成为深入宇宙最远的人造物体。2012年8月25日，旅行者1号成功穿越太阳圈并进入星际介质。截至2019年，它距离地球已经超过了217亿公里。

2005年，惠更斯号空间探测器在土星的卫星——泰坦星——着陆，科学家得以窥见这个被云状物包裹的神秘天体。

插画师绘制

空间探测器是一架无人驾驶的宇宙飞船，装有照相机、雷达和其他观测设备，用于研究行星和宇宙空间中的物体。

大气探测器和着陆探测器

空间探测器能发射大气探测器和着陆探测器。大气探测器利用降落伞缓慢降落进入大气层，探测大气状态。例如，1995年，伽利略号木星探测器向木星发射了一枚小型大气探测器。2005年，卡西尼号土星探测器发射的惠更斯号探测器进入泰坦星大气层。泰坦星是土星的最大卫星，被浓厚云状物包裹。

空间探测器还可以发射着陆探测器至火星、月球和金星表面。2004年，美国宇航局发射的勇气号和机遇号着陆探测器抵达火星，它们采样了岩石标本并拍摄了火星表面的照片。2008年，凤凰号着陆探测器证实火星表面存在固态水。水是生命之源，科学家们相信存在水的行星可能存在生命。

经过5年的漫长旅程，朱诺号探测器最终于2016年7月抵达木星。

插画师绘制

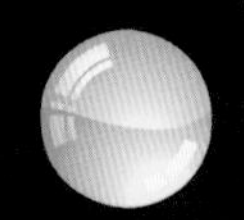

什么是空间天文台?

飞机和火箭最先帮助天文学家实现了在大气层之上观测宇宙的愿望，但是，短暂的大气层之旅并不足以支持天文学家进行长期观测。为了更有效地进行天文观测，科学家必须将观测设备送至地球的绕行轨道。

微妙的平衡

空间天文台的绕行轨道大多是环绕地球的椭圆形。沿绕行轨道运行的前提是地球引力与离心力（与速度平方成正比）处于平衡状态。地球引力阻止空间天文台逃逸到宇宙空间，与此同时，空间天文台必须保持一定的运行速度以不至于被地球引力拉向地面。空间天文台的运行速度可以达到每小时2.5万公里，最强力的火箭才可以将之加速至此。只有保持足够的运行速度，空间天文台才能持续沿着绕行轨道运行。

该图为赫歇尔空间天文台拍摄的红外线照片，该天文台主要用于观测被由尘埃和气体构成的云状物遮住的宇宙空间。

空间天文台实际是人造卫星，其上装有望远镜和其他天文观测设备。

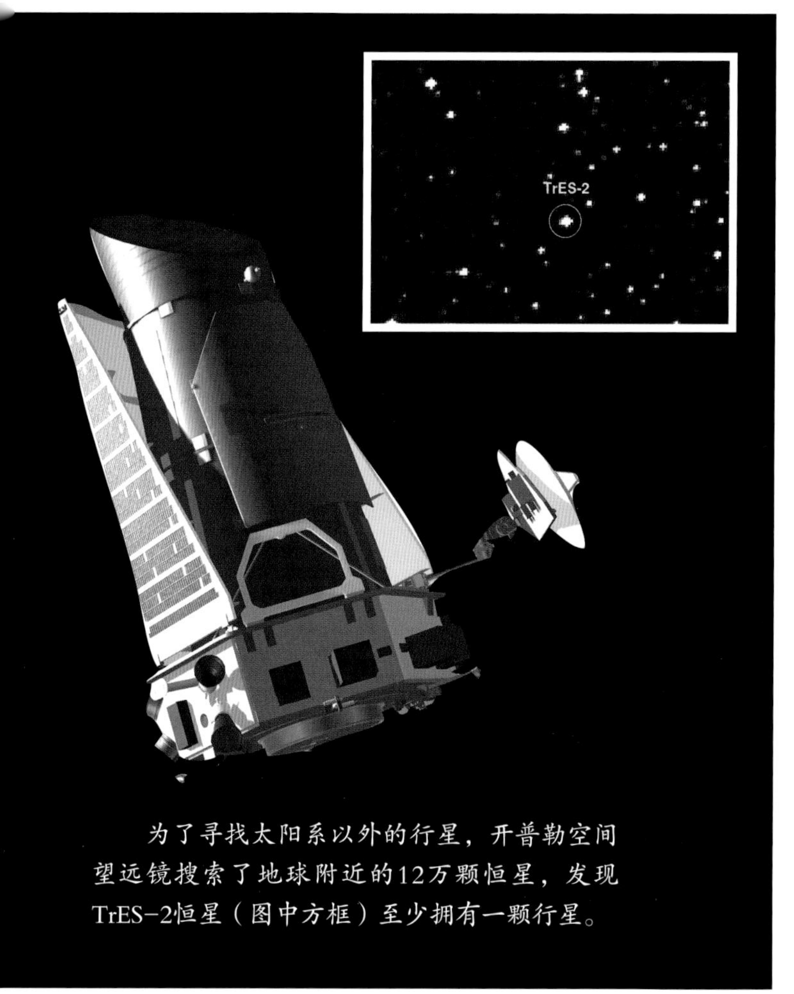

为了寻找太阳系以外的行星，开普勒空间望远镜搜索了地球附近的12万颗恒星，发现TrES-2恒星（图中方框）至少拥有一颗行星。

赫歇尔空间天文台可以探测红外线，右侧为其拍下的遥远星系中新恒星诞生过程的照片。

轨道分布

一些空间天文台的绕行轨道是圆形的，也有一些是椭圆形的，最低绕行轨道距离地面250公里，最高可至3.22万公里。在地球静止轨道运行的天文台始终处在地面之上相同的位置，也就是说，沿此轨道绕行地球一周需要一天左右的时间。

不同种类的空间望远镜

空间天文台装有许多种类的望远镜，哈勃空间望远镜可观测可见光、部分红外线和紫外线，赫歇尔空间天文台用于观测红外线，费米伽马射线空间望远镜用于观测伽马射线。

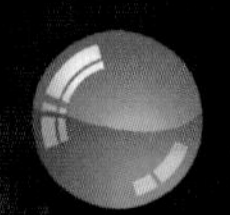

第一个空间天文台是什么?

1957年，苏联发射了第一颗人造卫星——斯普特尼克1号，从此人类进入太空时代。虽然斯普特尼克1号在大气层之上，但其载荷极其有限，因此并未携带过多观测设备。1958年，美国发射探险者1号人造卫星，探险者1号发现地球周围存在一个环形辐射带，就是范艾仑辐射带。

阿里尔1号卫星

美国和英国联合制造的阿里尔1号卫星是第一台真正的空间天文台，它发射于1962年，最初被用于观测太阳放射出的紫外线和X射线，随后又被用于观测无线电波和地球的外层大气层。但是，阿里尔1号卫星非常小，无法在其绕行轨道上长期运行。

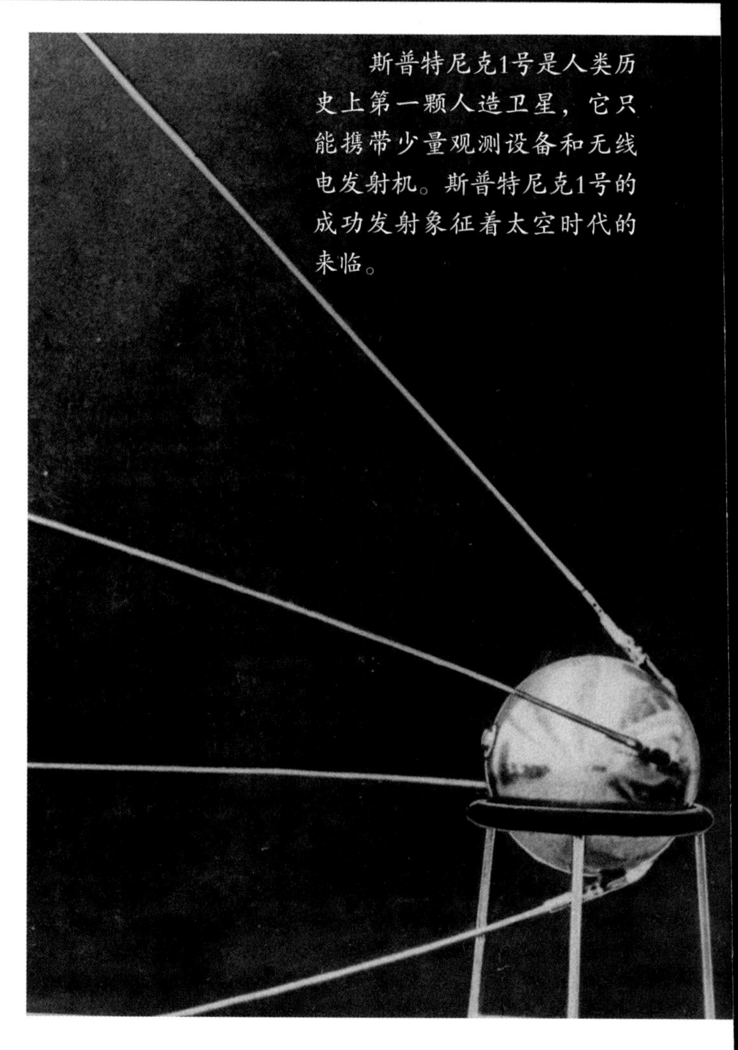

斯普特尼克1号是人类历史上第一颗人造卫星，它只能携带少量观测设备和无线电发射机。斯普特尼克1号的成功发射象征着太空时代的来临。

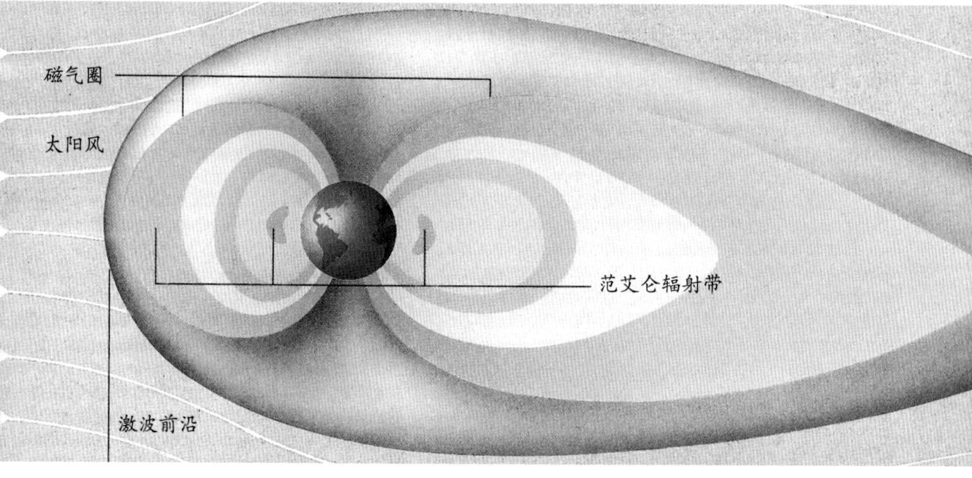

美国发射的第一颗人造卫星是探险者1号，它探测到范艾仑辐射带——一个距离地球表面非常远、布满带电粒子的区域。

1957年，第一颗人造卫星——斯普特尼克1号——的成功发射象征着太空时代的来临。1968年，第一个真正意义上的大型空间天文台发射成功。

紫外线探测先锋

1968年，美国宇航局成功发射轨道天文台2号（OAO-2），空间天文台正式迎来自己的时代。美国宇航局从1966年到1972年陆续发射了四台独立的空间天文台，OAO-2是其中之一，它能够在其绕行轨道上运行很长时间。

OAO-2装有的望远镜可以单次观测1200个天体发出的紫外线，包括行星、彗星、恒星以及星系。天文学家利用OAO-2观测处在爆炸状态的恒星——超新星——发出的紫外线。超新星发出数百万乃至数十亿倍于太阳的电磁辐射。

高能天文台

1977年，美国宇航局首次发射由三颗人造卫星构成的高能天文台（HEAO），单颗人造卫星的平均重量达2700千克，这是当时科技水平的极限。高能天文台被用于观测X射线和伽马射线。其中的第二颗卫星，即高能天文台2号（HEAO-2），也被称为“爱因斯坦卫星”。爱因斯坦卫星装有X射线望远镜，其灵敏度是此前发射的同类型望远镜的数百倍。

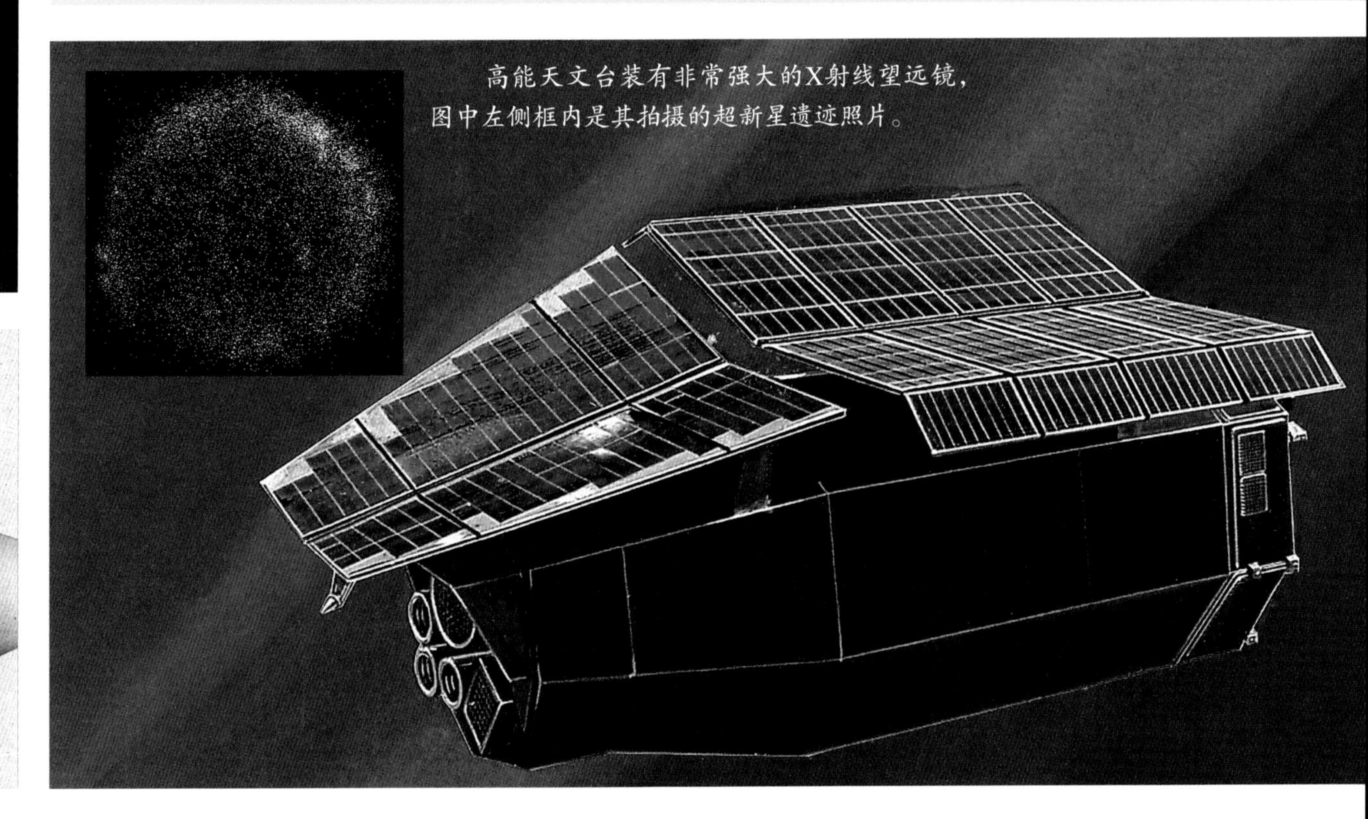

高能天文台装有非常强大的X射线望远镜，图中左侧框内是其拍摄的超新星遗迹照片。

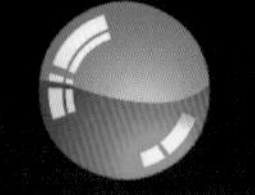

如何将天文台送入宇宙空间?

要想摆脱地球的引力作用，空间天文台需要借助火箭。天文台越来越大、越来越重，火箭所需的动力也越来越强。

动力与质量

太空时代初期，火箭动力尚且不足，这限制了它们携带有效载荷的数量。美国发射的第一颗卫星——探险者1号——质量仅有14千克。不过，火箭动力的发展非常迅速，载荷也随之变大。1968年，美国宇航局已经有能力发射质量为2000千克的OAO-2。1991年，亚特兰蒂斯号航天飞机将康普顿伽马射线天文台送入轨道。这座天文台有21.3米高，质量超过17000千克。

1958年1月31日，丘诺1号运载火箭搭载美国第一颗人造卫星探险者1号升入宇宙空间，探险者1号的质量仅有14千克，它的成功发射标志着美国进入太空时代。

拥有强大动力的火箭将天文台送入宇宙空间。

航天飞机将哈勃空间望远镜等众多大型空间天文台送至宇宙空间。

1990年4月24日，哈勃空间望远镜进入绕行轨道，运输任务由发现者号航天飞机完成。

运输工具

多数空间天文台都是由无人驾驶的多级火箭送至绕行轨道。一枚火箭不仅需要携带观测设备，还要将自身送至宇宙空间。通过卸掉耗尽燃料的火箭，多级火箭可以最大效率地利用所有燃料。

许多大型空间天文台，例如哈勃空间望远镜，则是由航天飞机送至绕行轨道。航天飞机配有可卸载的助推火箭和燃料仓，这种设计让它拥有至少22700千克的载荷。

美国宇航局制造的最大的运载火箭是土星5号，它能携带118000千克的载荷。美国宇航局正在设计更大的运载火箭——空间发射系统（SLS），它的载荷可达130000千克。SLS是由航天飞机演变而来的运载火箭，用以取代已经退役的航天飞机。

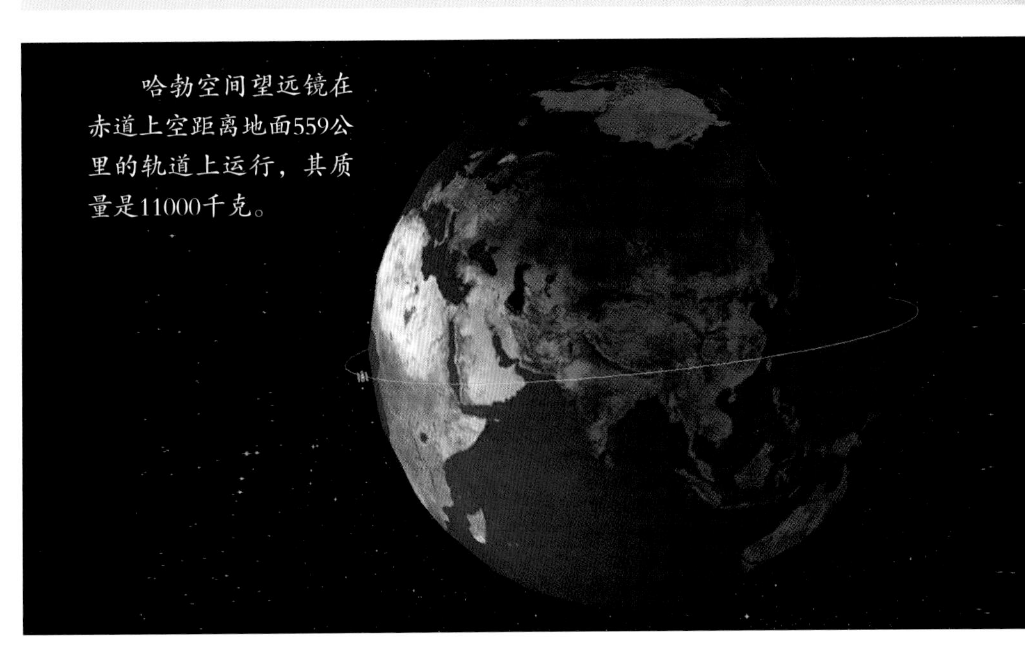

哈勃空间望远镜在赤道上空距离地面559公里的轨道上运行，其质量是11000千克。

空间天文台由哪几部分构成?

“眼睛”

望远镜是天文台的核心结构，不同的望远镜能够观测不同类型的电磁辐射。多数望远镜用镜面聚集光线，利用特殊的电脑芯片——电荷耦合器件（CCD）——接收信息。电荷耦合器件对光线的敏感程度超过所有摄影胶片。装在天文台上的电脑能够记录下电荷耦合器件接收到的信息。

空间天文台上还装有其他科研设备，例如用于测量恒星或其他天体化学元素成分的光谱仪。

太空中没有插座

所有设备的运行都离不开电力，但太空中没有插座！天文台借用太阳能电池板发电，太阳能电池板将太阳能转换成电能。当天文台进入绕行轨道后，太阳能电池板如风帆一般张开，太阳能电池从而储存电能，为天文台绕行至地球阴影时供应电力。

2009年，科学家正为赫歇尔空间天文台的发射做准备，直径达3.5米的主镜代表着它是人类迄今为止发射的最大型的空间望远镜。

通往家乡的电话线

空间天文台通过特殊的无线电天线向地面的天文学家发送大量的数据。例如，哈勃空间望远镜每周发送回地球的数据量相当于1100米厚的书籍。与此同时，无线接收器也用于接收地面控制中心发来的命令。地面控制中心发送指令，控制天文台上装有的小型推进器，使天文台升入更高的轨道，或者改变望远镜镜面的角度。另外，天文台上还装有稳定成像的设备。

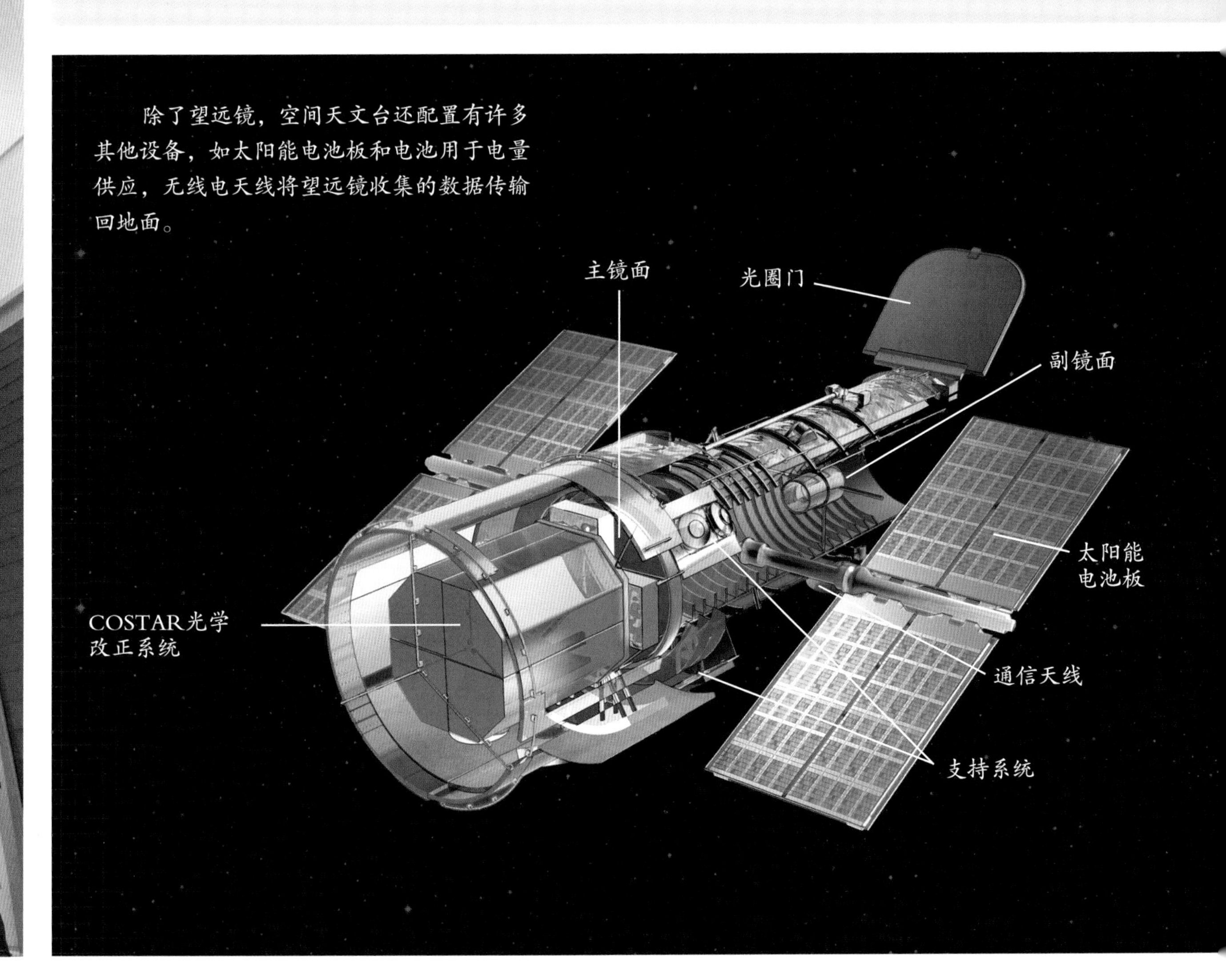

除了望远镜，空间天文台还配置有许多其他设备，如太阳能电池板和电池用于电量供应，无线电天线将望远镜收集的数据传输回地面。

关注

电磁光谱

夏天，我们看到太阳照在身上的光只是电磁光谱中可见光那部分，这是人类肉眼仅能看见的光。不过，有些动物可以看到红外线和紫外线。

从无线电波到伽马射线，电磁光谱各部分间不存在本质差异，区别仅是波长不同，或者说是波峰间距的差别。不同形式的光所携带的能量也不同：电磁波波长最长，携带能量最弱；伽马射线波长最短，携带能量最强。宇宙空间充满不同形式的电磁辐射，天文学家因此必须研究整个电磁光谱。

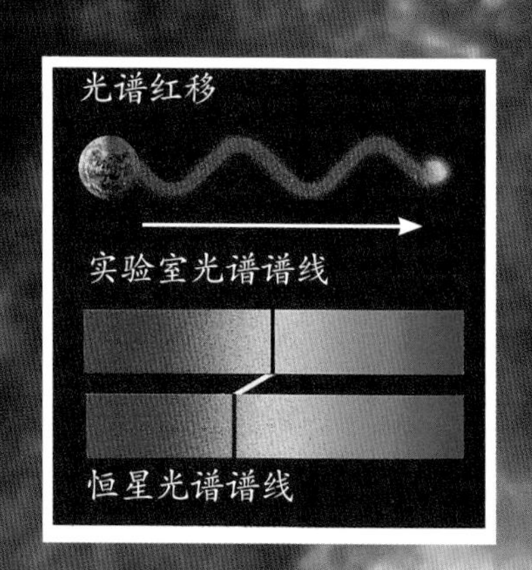

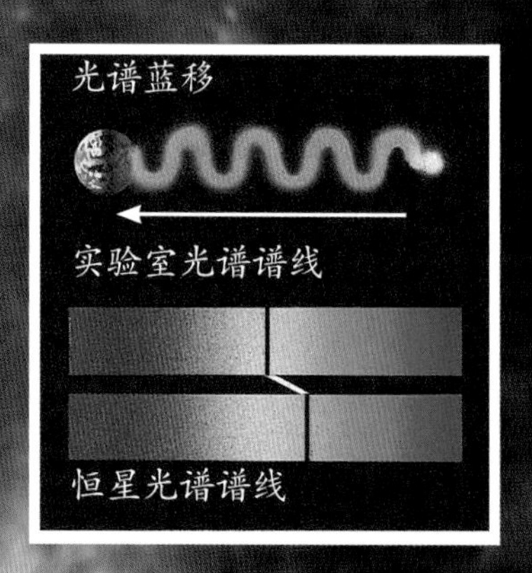

▶ 通过分析光谱，天文学家可以知道恒星的运动方向：如果出现光谱红移（光谱谱线朝红端移动）现象，说明恒星正在朝远离地球的方向移动；如果出现光谱蓝移（光谱谱线朝蓝端移动）现象，说明恒星正在朝接近地球的方向移动。

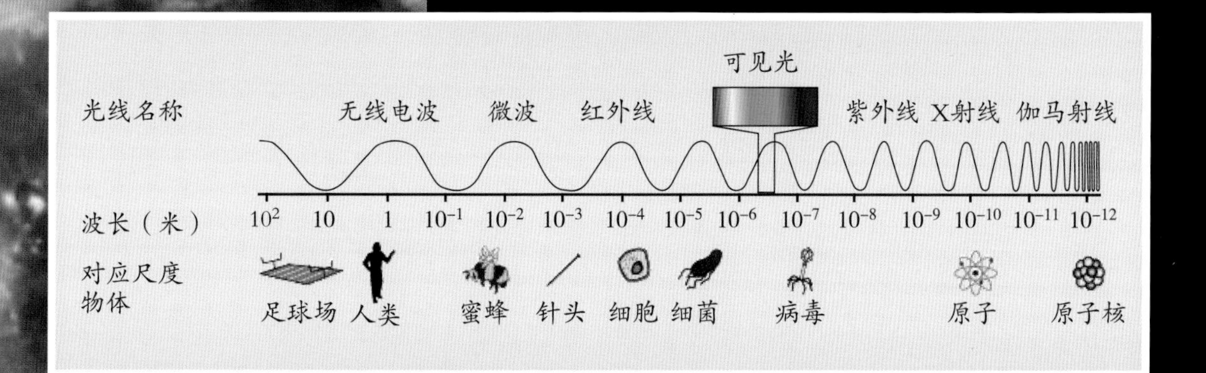

◀ 2009年，赫歇尔空间天文台拍下了一张银河系中心位置未知区域的伪彩色照片，此处极为致密，这张照片向我们展示了在冷态气体云中，到处都是处在诞生期的恒星（背景中红色部分）。赫歇尔揭露了恒星诞生区的“真”面目，气体和尘埃构成的云状物包裹着恒星诞生区，并屏蔽可见光。这幅伪彩色照片中，不同颜色代表不同波长的红外线，红色象征最冷区域。

▲ 不同形式光线的波长不同，波长最长的电磁波是无线电波，波长有运动场般大小，红外线波长相当于人类细胞大小，紫外线波长比引起人类感冒的病毒还要小，X射线波长大小与单个原子相当，伽马射线波长只有原子核般大小。

▼ 光是电磁波，由沿着光线传播方向规律性变化，且相互垂直的电场和磁场构成。振幅表示电场或磁场强度的最大值。

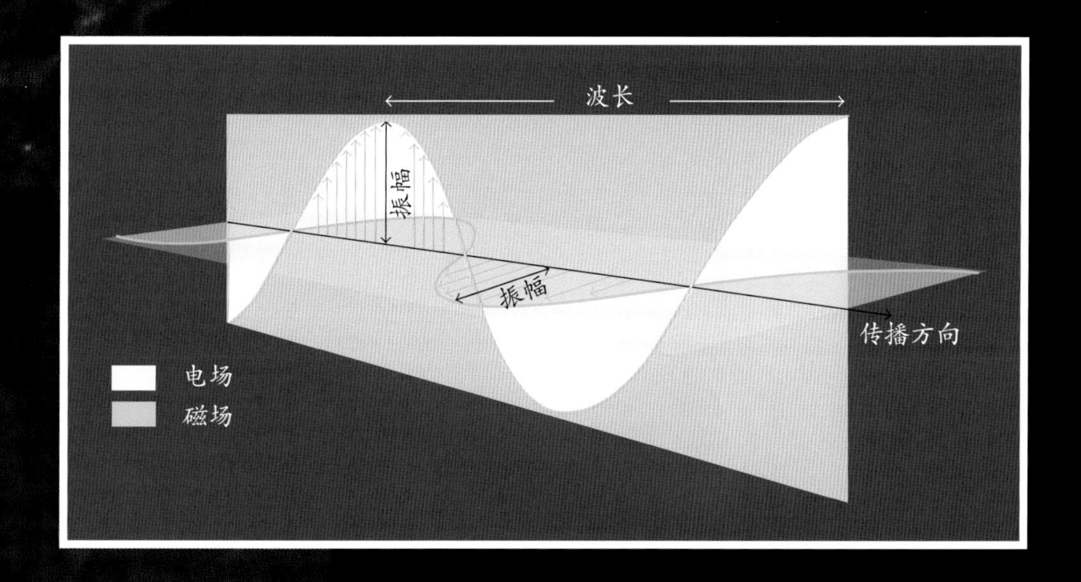

通过研究来自宇宙空间的光线，天文学家可以知道什么？

太阳发出的光以白色示人，但其却是由七种颜色不同的单色光构成的，我们将复合光被以某种方式分散后的结构命名为光谱。可见光的颜色范围是从红色到紫色，红色光以外的光是红外线，其波长大于可见光，人眼无法观测。紫色光以外的光是紫外线，其波长短于可见光，人眼同样无法观测。

恒星的化学组成

多数天文台都配有光谱仪，光谱仪将光色散成光谱，进行记录分析。每种化学元素都对应唯一结构的光谱，通过研究这些光谱谱线，科学家可以知道遥远恒星的化学元素构成。

恒星的移动

光谱还能展现恒星的移动状态：当恒星向远离地球方向移动时，其放射出光线的波长将被拉长；当恒星朝靠近地球的方向移动时，其放射出光线的波长被压短。这种波长

1704年，艾萨克·牛顿爵士证明白光由七种颜色不同的单色光构成。

你知道吗？

柯伊伯机载天文台是第一个大型机载天文台，它以美国天文学家杰拉德·柯伊伯命名。为纪念这位伟大的天文学家，我们还将海王星轨道外侧，黄道面附近的天体密集圆盘状区域命名为柯伊伯带，柯伊伯带距离我们极其遥远。

每种化学元素对应独一无二的光谱谱线，天文学家可以观测并做出分析。

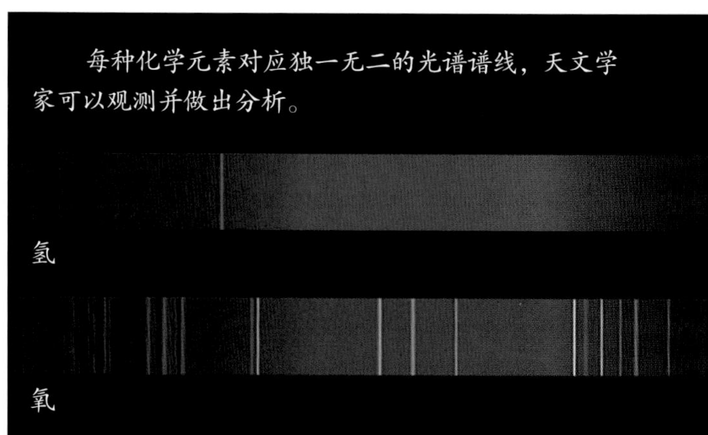

天文学家通过分析光谱可以确定遥远恒星及其他天体的化学成分，可以知道恒星的移动状态，以及它与我们的距离。

改变的现象被称作多普勒效应。

宇宙学红移

光线在远距离传播时也会出现波长改变的现象，但这并非因恒星移动造成，而是因为宇宙自身膨胀导致。

科学家相信宇宙产生于138亿年前的大爆炸，即宇宙大爆炸。宇宙大爆炸以来，宇宙从最初的奇点膨胀到现在的规模。宇宙膨胀过程中，在其中传播的光线的波长被拉长，我们把这种现象称为宇宙学红移。

通过测量宇宙学红移，天文学家可以知道光线传播的距离。从最遥远星系发出的光有最大程度的红移。因为宇宙学红移现象，这些在宇宙中传播了130多亿年的可见光，其波长会被拉伸至与红外线或无线电波相同。

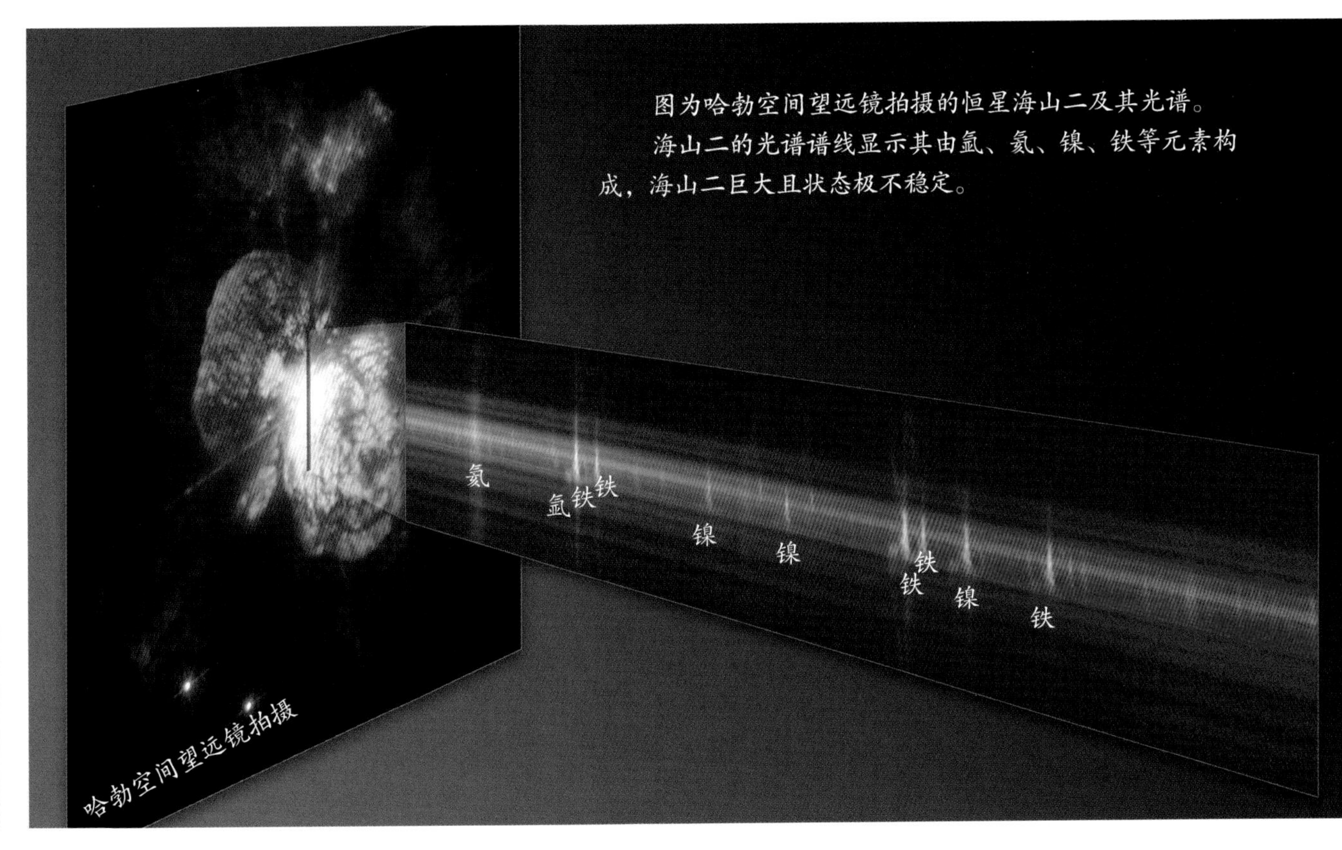

图为哈勃空间望远镜拍摄的恒星海山二及其光谱。

海山二的光谱谱线显示其由氩、氦、镍、铁等元素构成，海山二巨大且状态极不稳定。

什么是哈勃空间望远镜?

哈勃空间望远镜是人类有史以来建造的最重要的科学仪器之一，它已经探测到了太阳系内的其他行星，恒星的诞生和死亡，甚至宇宙的边缘。

"哈哈镜"

哈勃空间望远镜的心脏是口径为2.4米的镜面，它能探测可见光、红外线和紫外线。

1990年，在哈勃空间望远镜发射后不久，天文学家便发现镜面存在缺陷，这让它无法拍到足够清晰的照片。幸运的是，宇航员在1993年驾驶奋进号航天飞机执行了哈勃空间望远镜的修复任务。宇航员曾五次拜访哈勃空间望远镜，最近一次是2009年。通过修复零部件和升级探测设备，科学家希望哈勃空间望远镜可以服役到2040年。到那时，会有更好的望远镜取而代之。

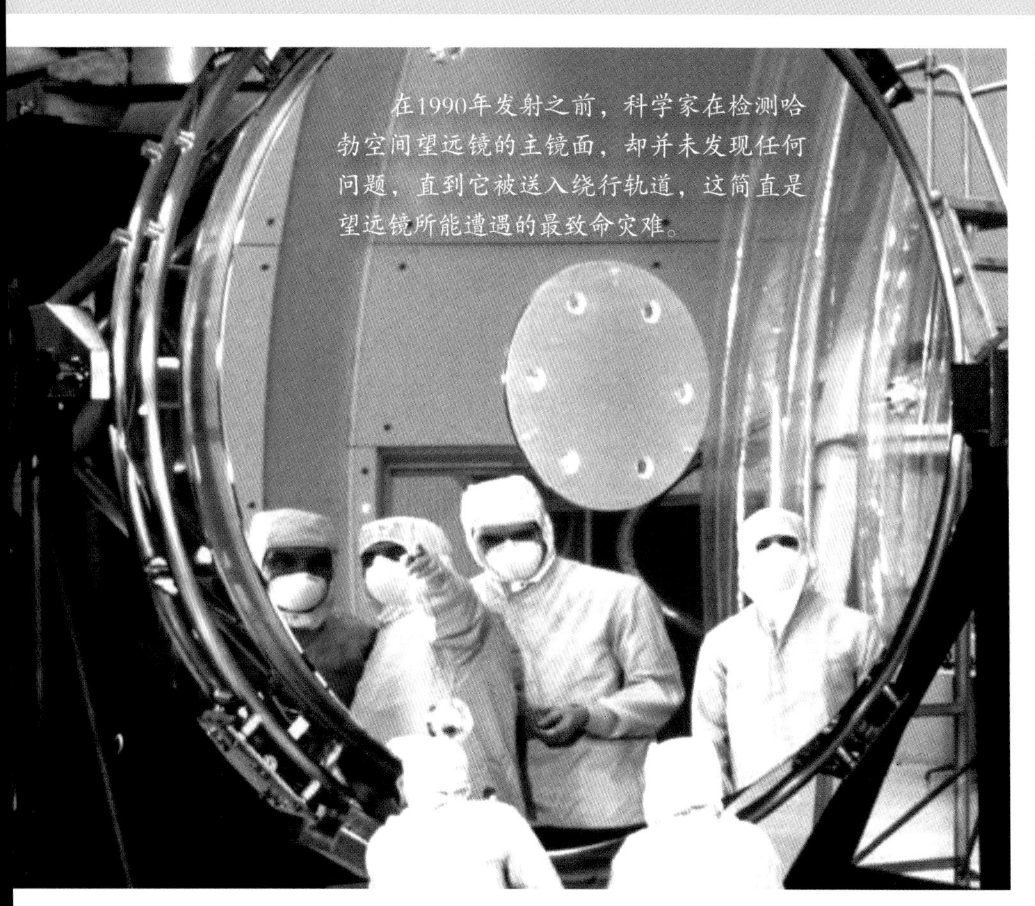

在1990年发射之前，科学家在检测哈勃空间望远镜的主镜面，却并未发现任何问题，直到它被送入绕行轨道，这简直是望远镜所能遭遇的最致命灾难。

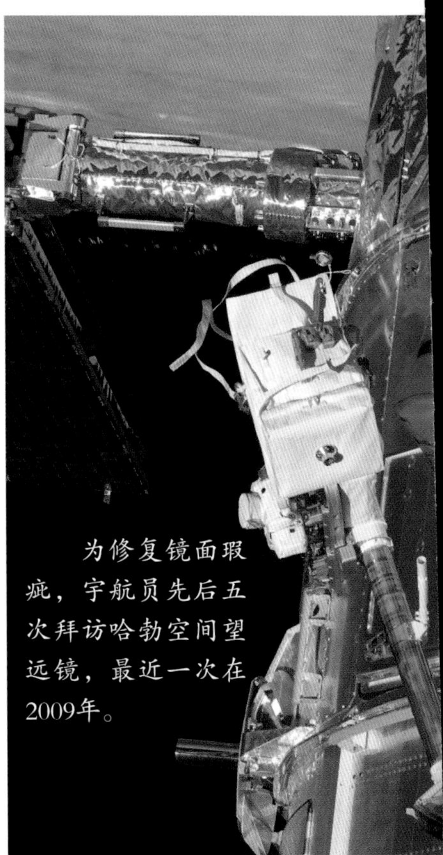

为修复镜面瑕疵，宇航员先后五次拜访哈勃空间望远镜，最近一次在2009年。

位于美国马里兰州巴尔的摩市的空间望远镜研究所的科学家可以控制哈勃空间望远镜。

宇宙“超级巨星”

尽管初期遭遇了诸多磨难，哈勃空间望远镜还是在随后做出了许多重大发现，它拍到了可见光下宇宙深处的细节照片，还拍到了恒星诞生时的照片，以及星系相撞和相互分离的照片，并找到了证据证明大多数星系中心都有一个巨大黑洞。

螺栓与螺母

哈勃空间望远镜的长度超过13米，与拖挂式卡车相当。它的质量达到11吨。与所有大口径望远镜相同，哈勃利用电荷耦合器件（CCD）收集信息，并存储到电脑。哈勃空间望远镜也配有光谱仪，科学家用其分析光谱。

哈勃空间望远镜利用太阳能电池板发电，并用电池储存电能，以保证无线通信设备的正常运转。位于美国马里兰州巴尔的摩市的空间望远镜研究所通过无线通信设备控制望远镜。全世界的科学家都在用哈勃空间望远镜探索宇宙。

哈勃空间望远镜“眼”中的宇宙

哈勃空间望远镜向我们展示了前所未有的宇宙图景，彻底改变了我们对太阳系中行星的理解，让我们看到了恒星的诞生和死亡过程，以及整个宇宙的结构。

抛掉最外层大气的恒星正在转变成彩色星云，这是哈勃空间望远镜拍到的无数精彩照片之一。

哈勃深场（背景图片）是一张具有划时代意义的照片，它拓展了人类对宇宙认知的边界。哈勃深场仅能代表极微小部分的宇宙。但是，即便在如此微小部分的宇宙之中，依然存在着大量的星系，其中某些星系距离我们数十亿光年。哈勃深场再

哈勃空间望远镜可以观测到红外线（热辐射），红外线可以穿透尘埃和气体构成的云状物，向我们展示恒星的诞生过程。恒星通常诞生在星云（例如锥状星云）深处。

哈勃空间望远镜拍摄的土星伪彩色照片，它显示土星大气层是环形带状的。

射电望远镜被用于探测宇宙空间了吗?

所有形式的光中，无线电波的波长最长，波长稍短的是微波。射电望远镜与用来接收电视信号的天线相似，但可能庞大得多。位于波多黎各的阿雷西博射电望远镜的口径足有305米，它无法被送至太空。

虚拟射电望远镜

尽管地面上的射电望远镜已经足够庞大，但为提升分辨率，科学家依然需要更加庞大的望远镜。分辨率是望远镜最重要的性能指标之一，通过射电望远镜的互联，科学家可以得到分辨率更高的虚拟射电望远镜。而借助空间射电望远镜，虚拟射电望远镜的分辨率可以更高。将地面射电望远镜与日本发射的8米空间射电望远镜互联，一座相当于地面射电望远镜4倍分辨率的虚拟射电望远镜就被制造出来了。

由威尔金森微波各向异性探测器（WMAP）拍摄的宇宙微波背景照片，显示了宇宙微波背景的变化与星系分布相吻合。

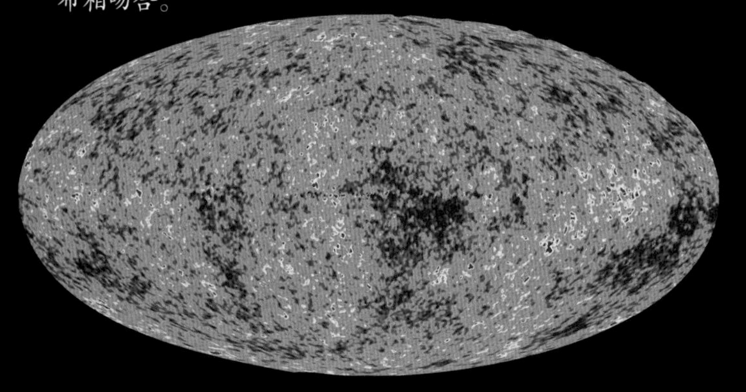

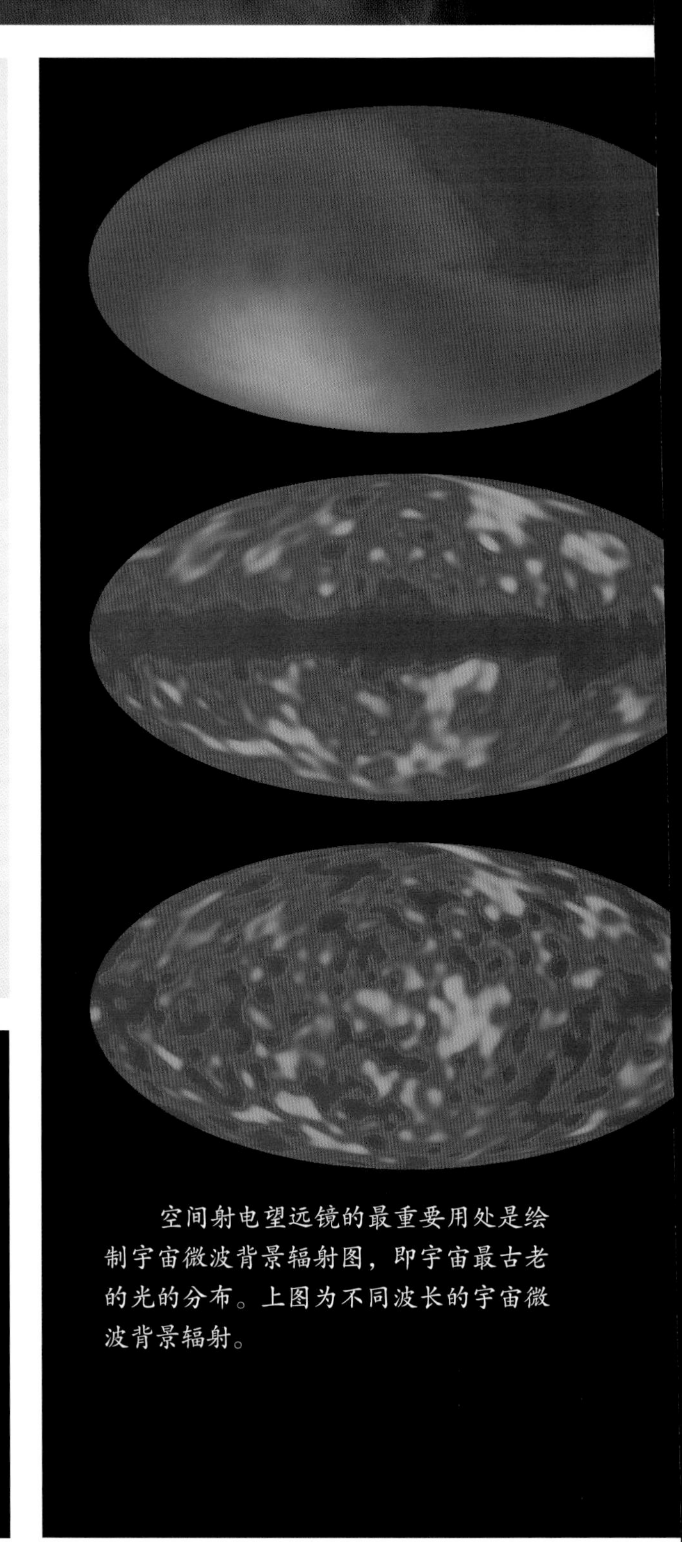

空间射电望远镜的最重要用处是绘制宇宙微波背景辐射图，即宇宙最古老的光的分布。上图为不同波长的宇宙微波背景辐射。

巨大的余波

20世纪60年代，天文学家发现一束微弱的微波，科学家立即认定这是宇宙大爆炸的余波。大爆炸之初，致密的光线充满宇宙，数十亿年后，宇宙的膨胀将这些光线拉伸成为微波，科学家将这种光称为宇宙微波背景。宇宙微波背景是人类可以探测到的最古老的光，并为探明宇宙结构提供了有力证据。

宇宙微波背景并非均匀分布，而是存在细微的变化，这种分布的变化与星系的分布一致，这可以帮助我们探索宇宙早期恒星的聚合方式。天文学家已经发射了灵敏度更高的探测器来观测宇宙微波背景，其中包括宇宙背景探测器（COBE）和威尔金森微波各向异性探测器（WMAP）。2009年，科学家发射了普朗克卫星。为减少设备发热造成的影响，普朗克卫星必须保持极端低温，其温度可达0.1K（-273℃）。

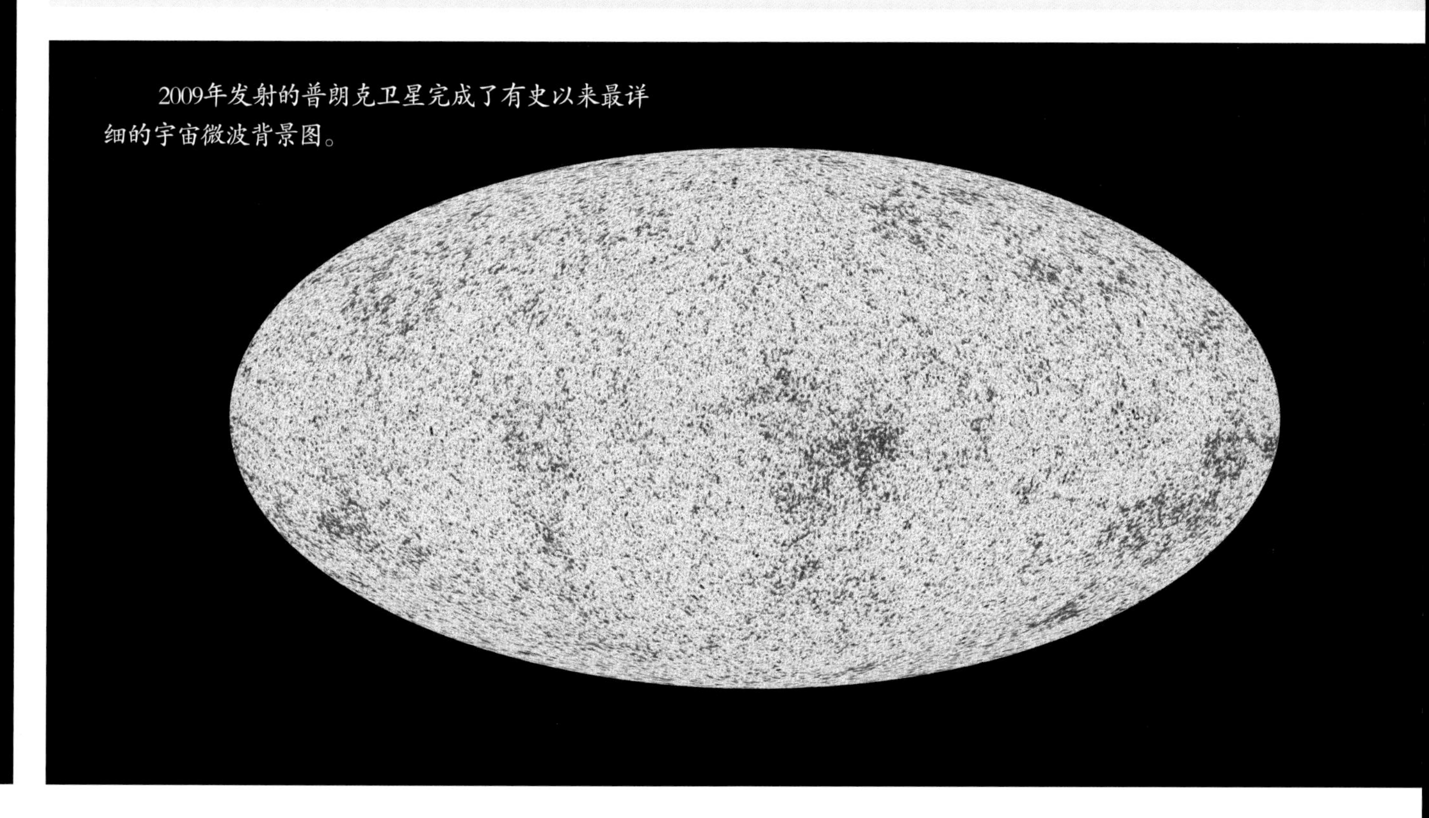

2009年发射的普朗克卫星完成了有史以来最详细的宇宙微波背景图。

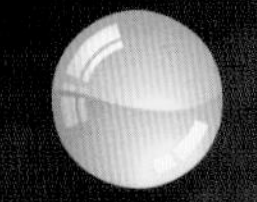

红外望远镜如何工作?

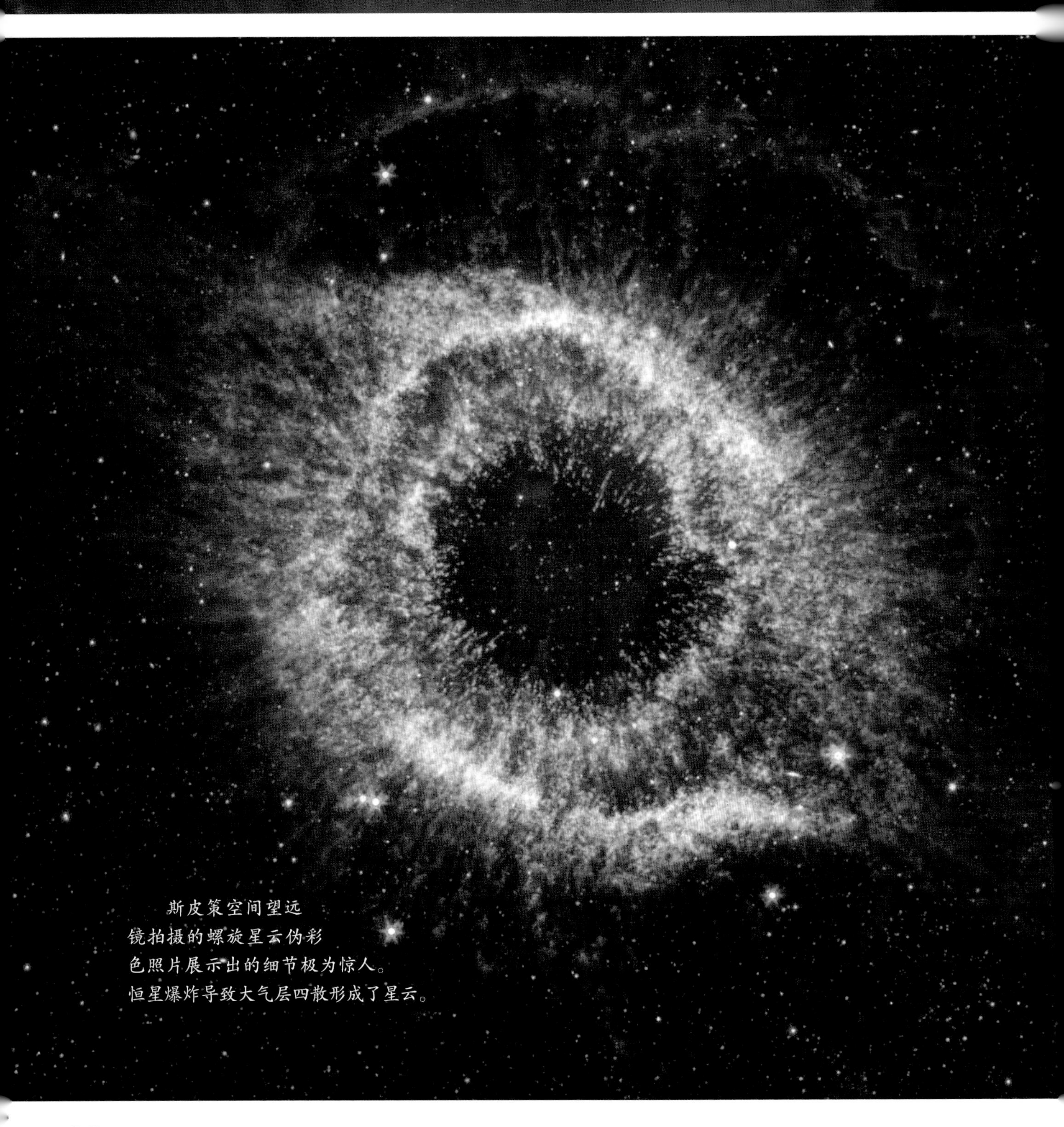

斯皮策空间望远镜拍摄的螺旋星云伪彩色照片展示出的细节极为惊人。恒星爆炸导致大气层四散形成了星云。

红外望远镜的工作原理与光学望远镜类似，但是，红外望远镜需要极度低温的工作环境。

与光学望远镜相同，红外望远镜也是通过镜面汇聚光线，电荷耦合器件（CCD）收集射入的红外线，并将数据发送至电脑，电脑再将这些数据转换成我们可以看懂的图片。但在有些方面，红外望远镜与光学望远镜不同。

不可见范围

天文学家将红外线分为三种，分别是近红外线、中红外线、远红外线。地面望远镜只能探测到近红外线，因为大气中的水蒸气阻挡了其他的红外范围。如果想要更好地观测中红外线和远红外线，就必须将设备送至大气层之上。

保持低温

红外线辐射是热辐射，宇宙中所有物体，包括望远镜本身都会放射出红外线，为观测红外线，科学家必须杜绝望远镜本身发热造成的干扰。天文学家借用超强制冷机让红外望远镜处于低温环境。例如，赫歇尔空间天文台利用液氦维持-271℃的低温环境。这已经接近绝对零度——科学家认定的宇宙最低温度。

冷却降温

1983年，第一台专业的红外望远镜发射成功。2003年，美国宇航局发射的斯皮策空间望远镜彻底革新了红外探测技术，通过冷却装置，斯皮策空间望远镜可以得到超低温状态的工作环境，与此同时，装置的绝热层足以屏蔽掉太阳发射出的热量。

2009年，欧洲宇航局（ESA）发射赫歇尔空间天文台——一架红外望远镜。赫歇尔望远镜是有史以来最大的空间望远镜，其口径达3.5米。它距离地球大约150万公里，将之送至如此远的距离是为了降低由行星发出的红外线所造成的干扰。

红外望远镜对观测某些区域非常有效，例如银河系中心，该区域的可见光被尘埃和气体构成的云状物彻底遮盖。

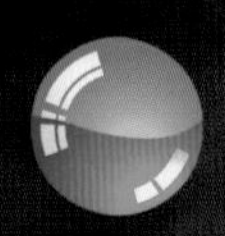

科学家如何使用红外望远镜?

不可见光的观测

红外望远镜可以观测光学望远镜无法观测到的天体。红外线是热辐射，即便天体不发出可见光，也会持续放射出红外线。借助第一台红外望远镜，我们已经观测到了光学望远镜未曾观测到的天体，包括从死亡恒星到恒星周围云状物。红外望远镜还观测到了系外行星，即围绕其他恒星（不是太阳的恒星）旋转的行星。

穿透尘埃

与光学望远镜相比，红外望远镜还有一个优势。厚厚的尘埃和气体构成的云状物——星云——会屏蔽可见光，但多数红外线可以穿透星云。红外望远镜已经确认某些星云就是恒星诞生区，在尘埃和气体的面纱后面，星云深处正孕育着成百上千颗恒星。

银核

红外望远镜也是研究银河系中心区域的最佳工具，因为银河中心被厚厚的尘埃和气体所遮蔽。红外望远镜发现在银核区域有大量恒星，其中一些是银河系中最亮、最热的恒星。

看得更远

红外探测器同样有助于天文学家观测宇宙中最遥远的天体，红移现象将遥远星系发出的可见光拉长成为红外线。2008年，红外探测器观测到了迄今为止最遥远的星系发出的红外线，它们已经在宇宙中行进了130多亿年。

一张仙女星系的红外线照片，其中红色明亮的环形区域由众多新生的恒星构成，这片区域被尘埃所掩盖。

红外线照片中，一个人的皮肤因热发光，他手中端着的冷水则显得暗淡。

科学家通过红外望远镜研究星云内部恒星的诞生过程，观测银河系中心和遥远的星系。

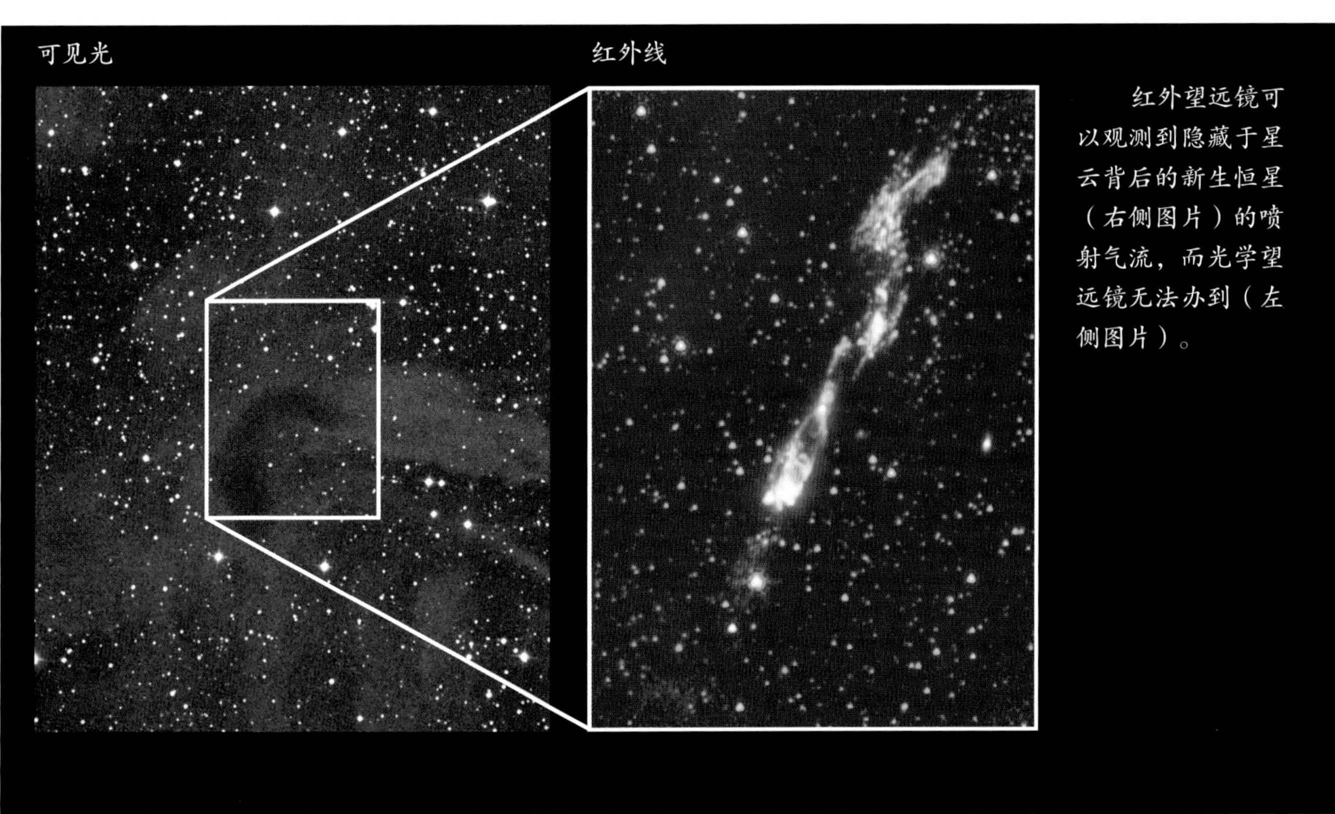

红外望远镜可以观测到隐藏于星云背后的新生恒星（右侧图片）的喷射气流，而光学望远镜无法办到（左侧图片）。

紫外望远镜如何工作?

紫外线是一种人类肉眼不可见的光。它之所以被称为紫外线，是因为它的波长短于紫光，在光谱中位于紫光之外。抵达地面的紫外线会造成晒黑和晒伤。但是因为大气层挡住了大部分紫外线，因此紫外线的观测设备必须放在大气层之上。

紫外线种类

多数紫外线的探测器都是配有普通镜面的望远镜。科学家将紫外线分为近紫外线、远紫外线、极紫外线。配有特殊涂层的镜面可以收集近紫外线和远紫外线，但无法收集极紫外线。许多光学望远镜也可以观测到近紫外线。例如，哈勃空间望远镜便装有一台近紫外线照相机，可以在近紫外线范围内拍摄照片。紫外望远镜与光学望远镜类似，均为通过镜面将光线聚集在电荷耦合器件（CCD）芯片上，并传输至电脑记录。

菊花花瓣在可见光下呈现上图中的黄色，而在紫外线下却呈现下图中的图案，这种图案可以指引能够看见紫外线的蜜蜂找到菊花的中心位置。

你知道吗?

为逃离地球的束缚，宇宙飞船必须以超过11公里每秒的速度行进，这相当于每小时行进约4万公里。

大多数紫外望远镜的镜面和电荷耦合器件芯片与光学望远镜相同。只有特制望远镜才能探测到极紫外线。

走向极限

极紫外线的波长很短，携带的能量大到足以直接穿透反光镜，只有以很小的倾角照射在镜面上时才可以被反射。极紫外望远镜借用掠入射镜收集极紫外线，这种镜面可以让极紫外线掠过其表面，就像飞行的石子掠过水池的表面。掠入射镜的装置方式是相互嵌套，就像伸入油桶的管子。1992年发射的极紫外探测器上就装有掠入射镜。

紫外光谱仪

紫外线对探测天体的化学构成，非常有用。多数紫外望远镜都装有分析紫外光谱的光谱仪。紫外光谱仪得到的数据恰好可以补充可见光光谱仪收集到的数据。

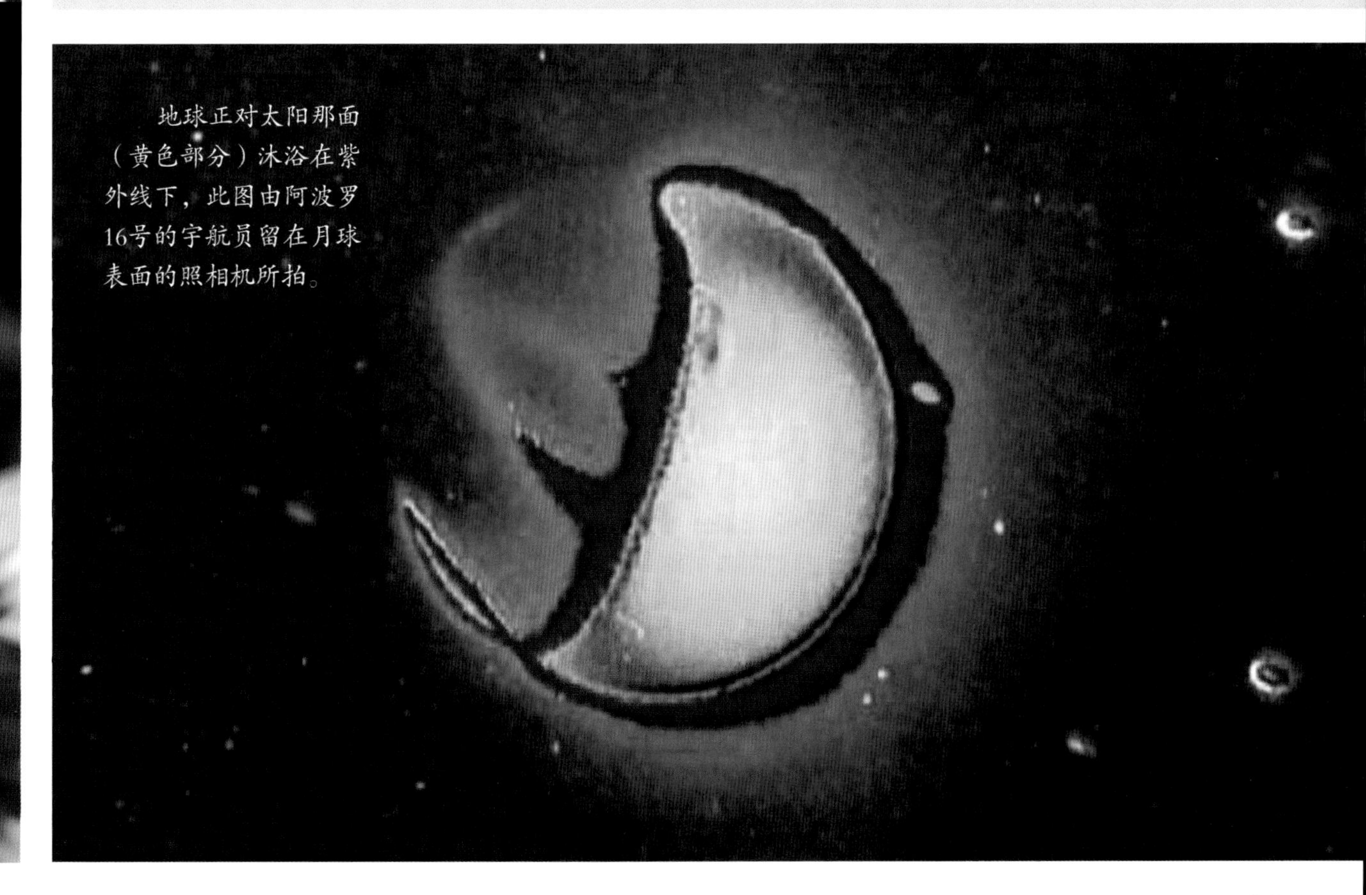

地球正对太阳那面（黄色部分）沐浴在紫外线下，此图由阿波罗16号的宇航员留在月球表面的照相机所拍。

科学家如何使用紫外望远镜?

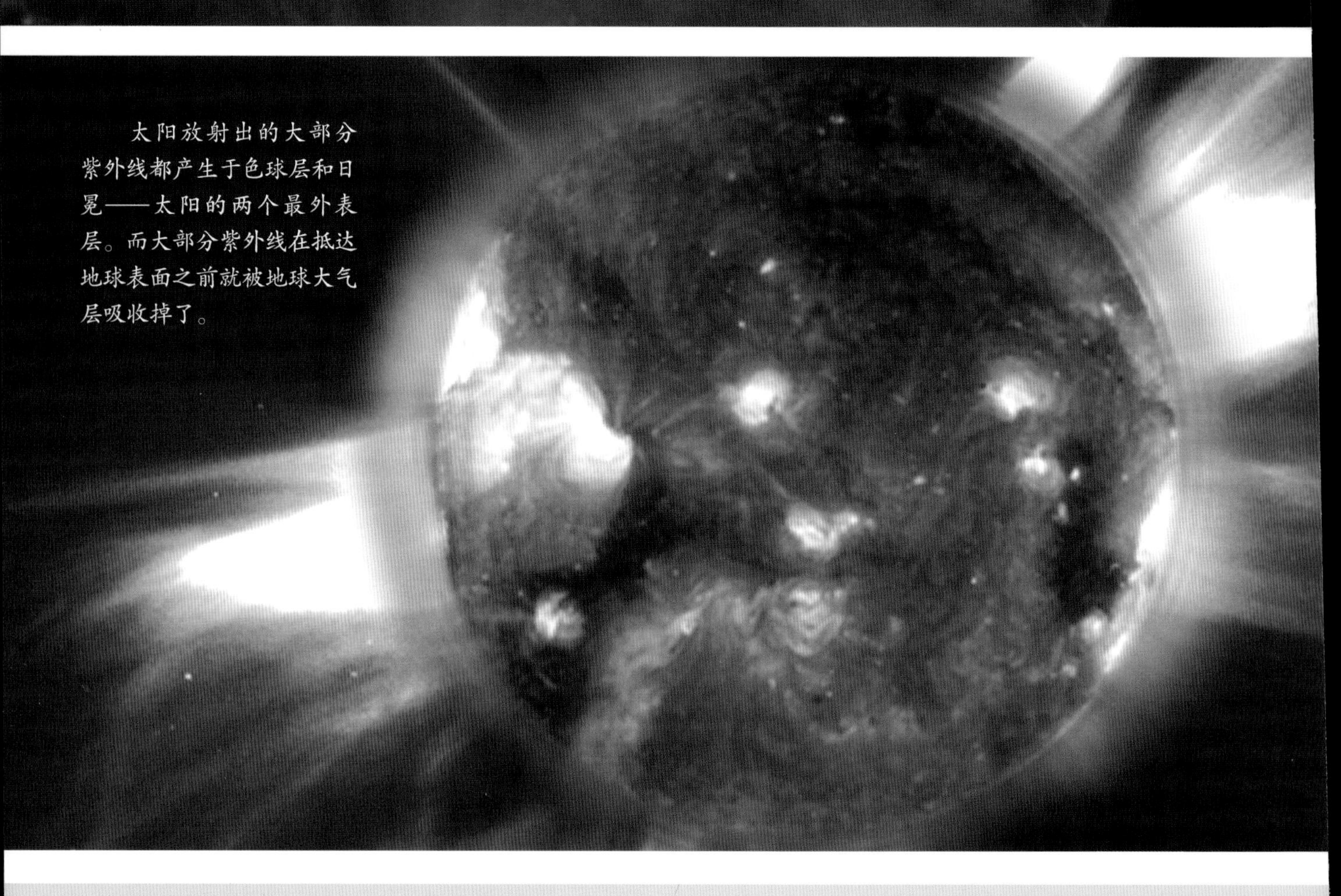

太阳放射出的大部分紫外线都产生于色球层和日冕——太阳的两个最外表层。而大部分紫外线在抵达地球表面之前就被地球大气层吸收掉了。

科学家借用紫外望远镜研究高温天体，在紫外线下，可以观测到宇宙中极不稳定的奇异星。

太阳风暴

一种紫外线来源距离我们很近，即太阳大气层的最外层——日冕。日冕区域的温度可达600万K，在如此高的温度下，日冕中的气体闪耀着明亮的紫外线。科学家已经通过配有紫外望远镜的空间天文台清楚地知道太阳大气层的构成，他们拍到了太阳风暴中突然闪耀的亮点——太阳耀斑——的细节图片。科学家将太阳耀斑与日震联系起来，日震是太阳的不稳定状态。如果即将发生足以影响地球的太阳风暴，紫外望远镜可以提前侦测到并予以示警。2006年发射的日出卫星到现在依然进行着这类研究。

爆裂事件

紫外望远镜可以观测到宇宙中最激烈的事件。1987年，天文学家在银河系附近的一个小型星系中观测到一次超亮的超新星爆发，在很短时间内，国际紫外探测器就捕捉到爆炸中心周围热空气发出的紫外线。紫外望远镜可以观测超新星的终极状态，例如发出少量可见光的中子星。紫外望远镜还能观测到发出紫外线的刚诞生的恒星。紫外望远镜观测到双星系统间的气体呈现撕裂状态。

星系际气体

紫外望远镜也被用来测定宇宙深处气体的化学成分，但这需要借助来自遥远星系的强光来点亮气体。远紫外分光探测器（FUSE）发射于1999年，它发现有一层非常热的薄气云包裹着银河系，这层气云已经接触到了银河系的邻居。它可能为研究银河系中心位置的黑洞如何影响恒星的形成提供线索。

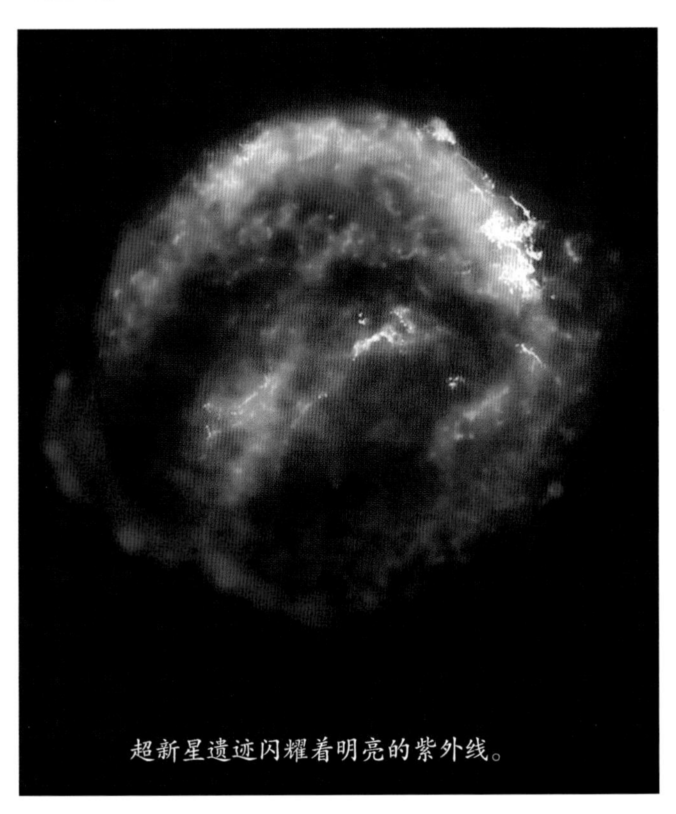

超新星遗迹闪耀着明亮的紫外线。

美国宇航局的远紫外分光探测器拍下了这张照片，它显示御夫座内的恒星点亮了大片碳尘云。

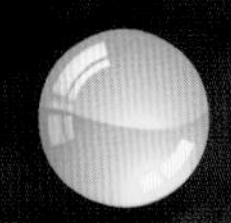

X射线望远镜如何工作?

X射线是比紫外线波长更短、能量更高的电磁辐射。它能穿透许多对可见光不透明的物质，如人类身体的软组织。相较于此，骨头、牙齿等其他身体坚硬部分可以吸收X射线，因此，医生用X射线观察这些部分，天文学家则借用X射线探测中子星和黑洞。

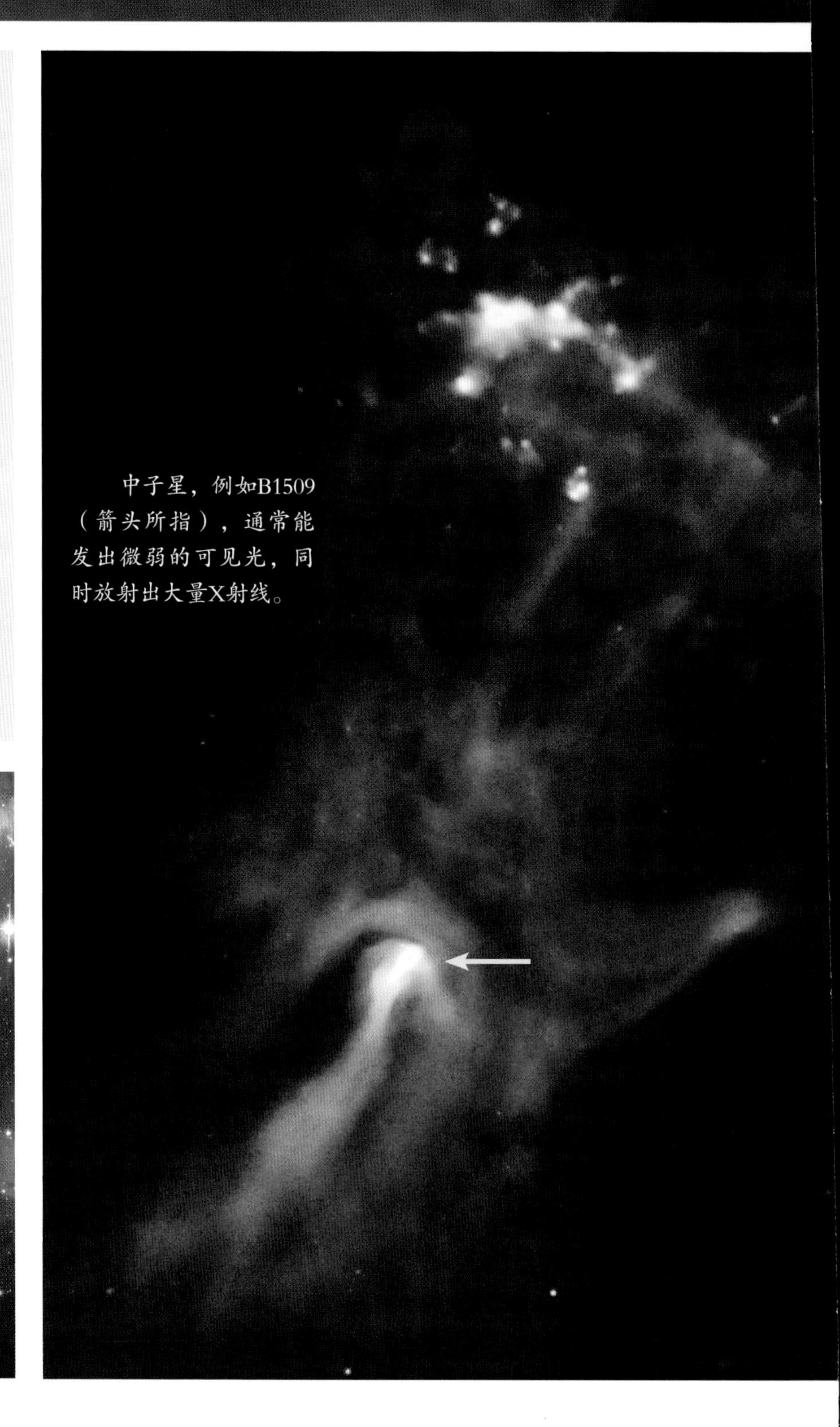

中子星，例如B1509（箭头所指），通常能发出微弱的可见光，同时放射出大量X射线。

你知道吗?

德国物理学家威廉·C. 伦琴在1895年发现X射线，他因为不知道这种射线是什么，所以称其为X射线，在数学符号中，X代表未知。

镜面，镜面

因为携带大量能量，所以X射线望远镜很难制造，与极紫外线类似，X射线只有在以极小角度照射到掠入射镜上时，才会被反射。

例如，欧洲宇航局在1999年发射的XMM-牛顿卫星，其上装有3台X射线望远镜，每台望远镜的镜面系统都由58个单独管状镜面相互嵌套构成，镜面反射X射线使之聚集在电荷耦合器件上。XMM-牛顿卫星同样装有光谱仪。

1999年，美国宇航局成功发射钱德拉X射线天文台，钱德拉的分辨率非常高，足以让人在20公里远外的地方看清停车指示牌。与XMM-牛顿卫星相同，钱德拉利用管状镜面反射X射线，使之聚在电荷耦合器件上。

铅板

也有X射线望远镜并未装置镜面，而是利用铁板或铅板聚拢射入的X射线。X射线射入望远镜内，进入充满可吸收X射线的气体的探测器中，电子器件计算X射线与气体接触的次数。这种设备只用来探测携带巨大能量的X射线。

XMM-牛顿卫星装有3台X射线望远镜，每台望远镜的镜面系统都由58个单独管状镜面相互嵌套构成。

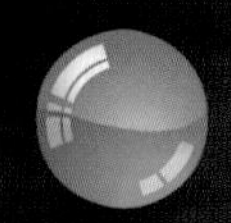

科学家如何使用X射线望远镜?

超新星遗迹

X射线望远镜尤其适合观测类似恒星爆炸这样的剧烈事件，当一颗垂死的恒星坍缩时，巨大能量穿透最外层大气，将其加热至数百万摄氏度高温，高温气体放射出大量X射线。

X射线望远镜还可以观测温度超高的超新星遗迹。例如，公元1054年，一颗超新星照亮天空，持续数周。X射线望远镜还能观测超新星的终极形态——中子星。

双黑洞

X射线望远镜还发现了双黑洞存在的证据。有些黑洞存在于双星系统内，黑洞主动吸引相邻恒星大气层中的气体，在堕入黑洞的过程中，气体被加热至超高温度，因此放射出极强的X射线。例如，天鹅座X-1是从地球观测最强的X射线源之一，它是一个双星系统，主星是一颗体积巨大的蓝色恒星，它围绕一颗看不见的伴星旋转。这个伴星的体积比月亮还小，质量却是太阳的10倍。大多数科学家都认定这个伴星是一个黑洞。

超级黑洞

钱德拉X射线天文台的观测结果证实，几乎每个星系的中心都有一个超大质量黑洞。这些黑洞远比天鹅座X-1要大很多。例如银河系，它的中心位置是人马座A*，其质量相当于太阳的400万倍。

半人马座A星系喷射的气流放射出强度很高的X射线，X射线产生的原因是超级黑洞将气体加热至数百万摄氏度高温。

X射线望远镜能探测宇宙中温度最高的物体，例如超新星、黑洞。

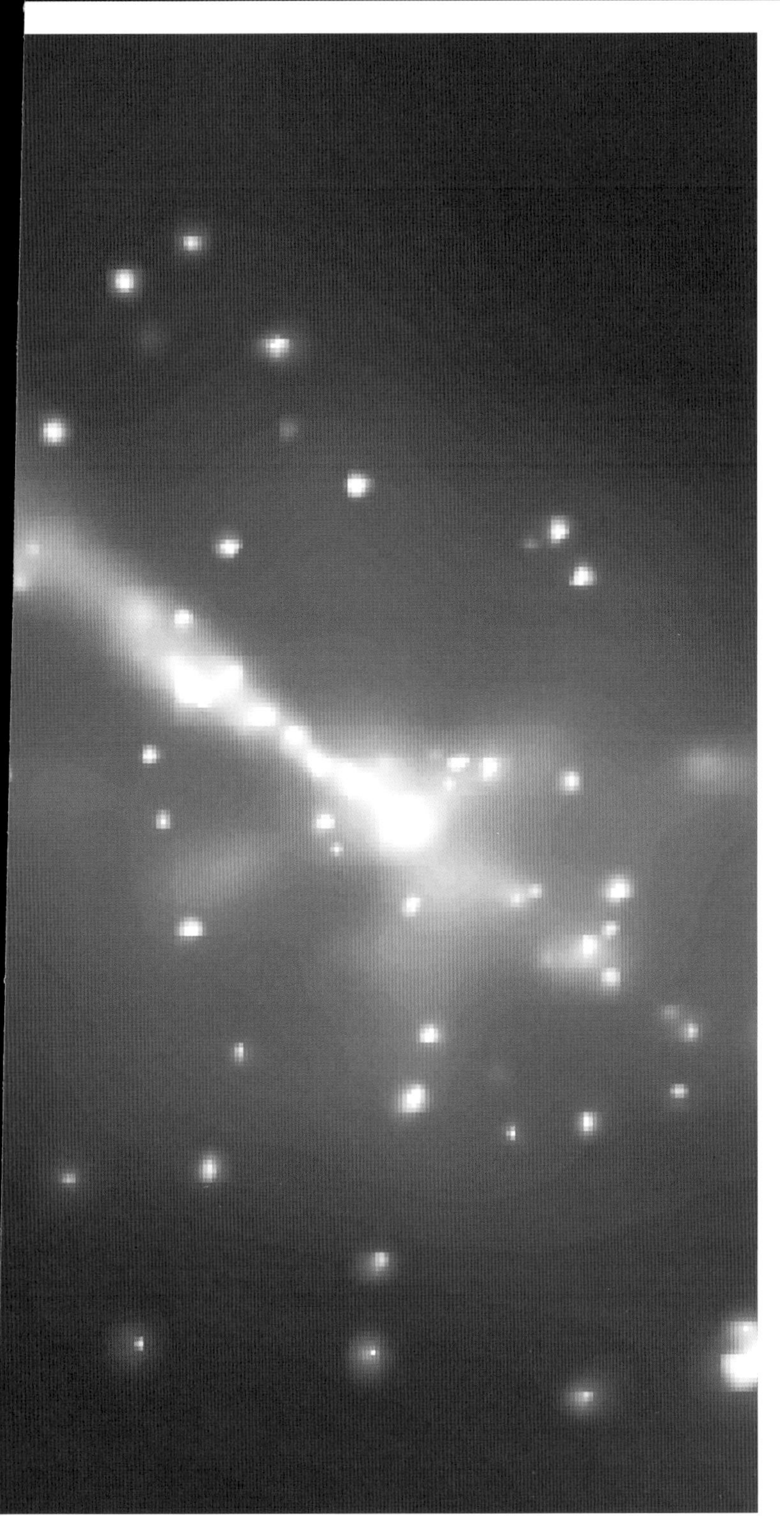

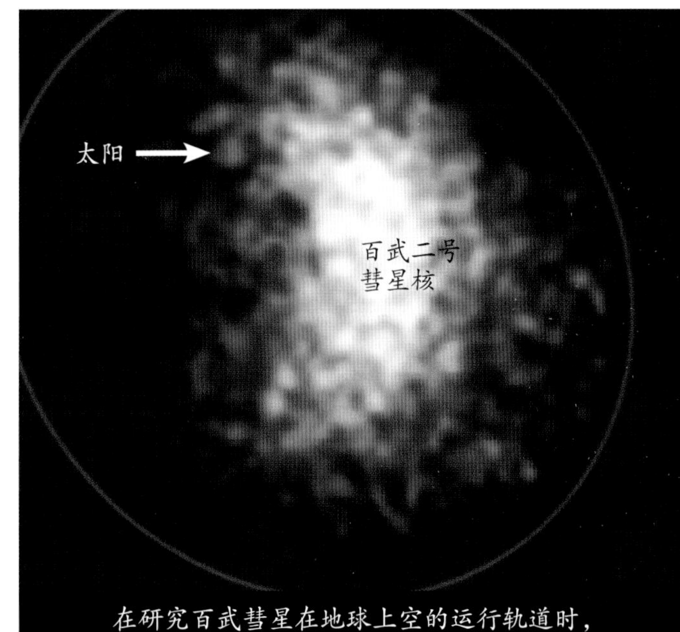

在研究百武彗星在地球上空的运行轨道时，科学家被其放射出的大量X射线所震惊。天文学家猜测，彗星放射X射线的原因是其向阳面大气层被加热至超高温。

因为邻近这颗巨大蓝色恒星的天体将其大气层加热至数百万摄氏度的高温，所以天鹅座X-1双星系统放射出强度很高的X射线。

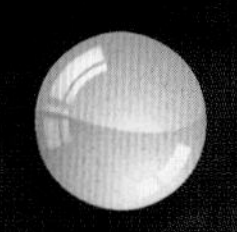

伽马射线望远镜为何如此独特?

伽马射线望远镜

在所有形式的光线中，伽马射线的波长最短，其携带能量的强度最高，几乎是可见光的数十亿倍。事实确实如此，没有任何镜面能够反射伽马射线。因此，为观测伽马射线，伽马射线望远镜中必须装有闪烁晶体。当伽马射线撞击闪烁晶体中的原子时就会伴随释放大量粒子和辐射，闪烁晶体中的粒子流发亮，从而天文学家可以观察到伽马射线。

伽马射线暴

与紫外线和X射线相同，伽马射线无法穿透地球大气层。20世纪60年代，科学家成功发射伽马射线探测设备至大气层之上，随之发现亮度极高的伽马射线闪烁，这种来自遥远星系的闪烁被称为伽马射线暴（GRB）。为了获得更多关于伽马射线暴的信息，天文学家向大气层之上发射了一系列越来越复杂的探测设备。

从“康普顿”到“费米”

1991年，美国宇航局成功发射康普顿伽马射线天文台，通过上千次伽马射线暴的观测，康普顿成功绘制了宇宙空间的伽马射线源分布。

当宇宙深处的高能粒子撞击月球时，月球会发出伽马射线。

你知道吗?

1997年，两台空间望远镜观测到伽马射线暴，一瞬间，整个宇宙因此暗淡。

2004年，美国宇航局成功发射尼尔·格雷尔斯雨燕天文台（雨燕卫星），它用广角望远镜观测伽马射线暴。这台天文台装有的望远镜能同时观测X射线、紫外线和可见光，它被用于观测伽马射线暴内的其他电磁辐射。当雨燕卫星上的伽马射线望远镜探测到伽马射线暴时，会发出警报信号，天文学家可据此迅速做出反应。

2008年，美国宇航局成功发射费米伽马射线空间望远镜，这是有史以来建造的最大的伽马射线观测设备。每3个小时，费米望远镜可扫描一次完整的天空。望远镜周身装有传感器，可以感应能量较高的伽马射线，费米望远镜收集到信息后，将之传输至电脑，经由电脑处理得出相应结论。天文学家希望通过费米望远镜，知道黑洞将高密度物质喷射流加速到接近光速的原理，费米望远镜还能帮助天文学家探索伽马射线暴产生的原因。

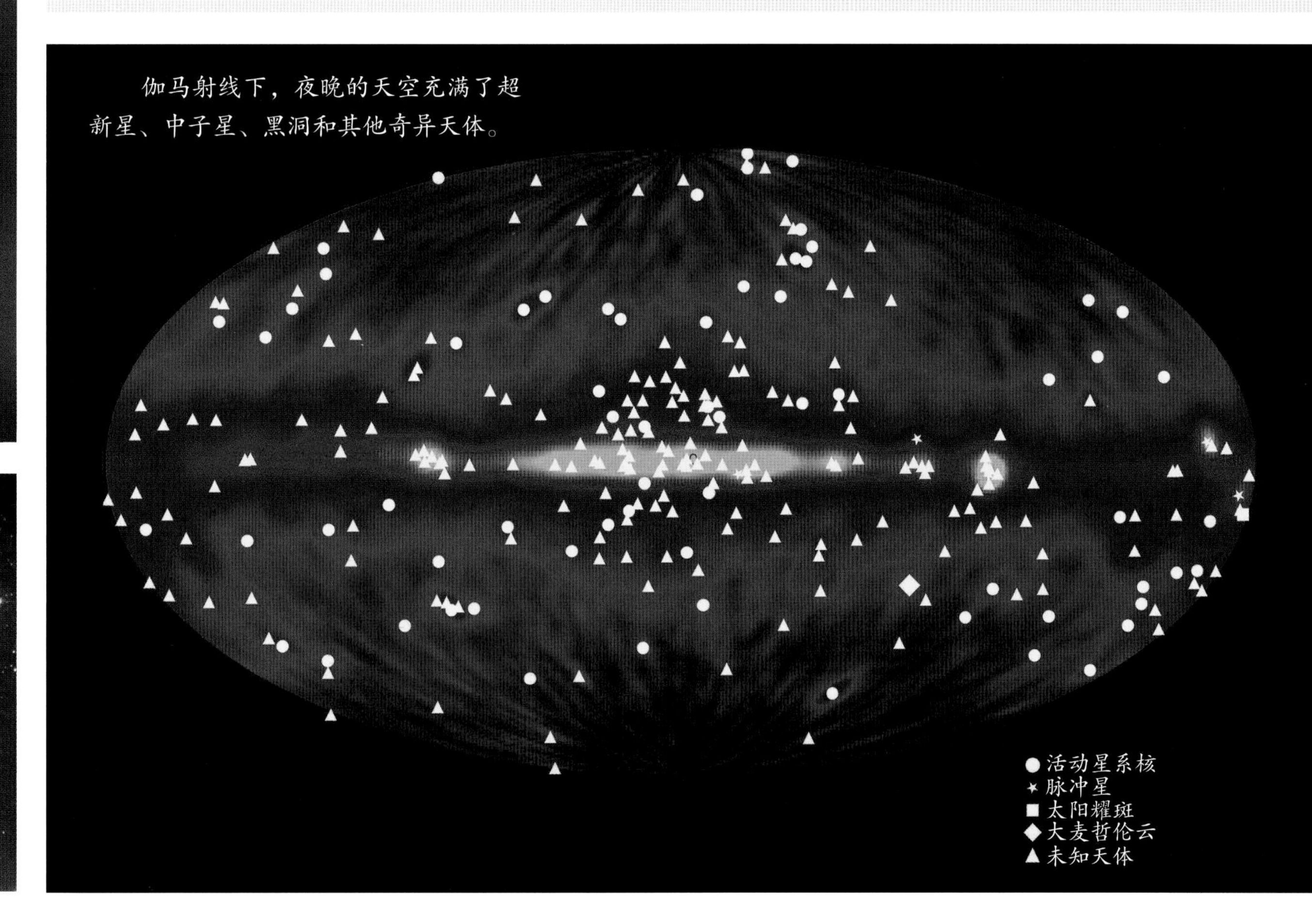

伽马射线下，夜晚的天空充满了超新星、中子星、黑洞和其他奇异天体。

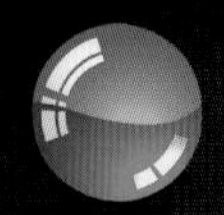

伽马射线暴是什么?

伽马射线流

中子星和黑洞有非常快的自转速度，这些天体能吸入周围物质，它们的极点可能产生强力喷流，喷流内物质的能量逐渐提高，最终放射出伽马射线。

最明亮的闪烁

伽马射线暴是宇宙中放射光线最明亮的现象，伽马射线暴仅能维持几秒钟，但在这几秒钟内释放出的能量相当于几百个太阳一生中所得的能量的总和。1997年，两台空间望远镜观测到来自银河系中心处的伽马射线暴，距离地球120亿光年，爆炸后一瞬间的亮度甚至超过除它以外的整个宇宙的亮度。2008年，费米伽马射线空间望远镜观测到更加明亮的伽马射线暴。伽马射线暴非常罕见，整个宇宙范围内，一天仅能观测到一次。

天文学家将伽马射线暴分为长、短两类，长伽马射线暴通常与恒星的坍缩有关，短伽马射线暴则与中子星和黑洞的融合有关。

“巨人”陨落时

科学家认为大多数伽马射线暴是由正在坍缩的恒星引起的，当大质量恒星耗尽燃料时，发生剧烈爆炸，爆炸结束后，恒星变为黑洞，长伽马射线暴的出现象征着恒星的消亡以及黑洞的诞生。

“怪兽”相互吞噬

天文学家认为短伽马射线暴源于中子星或黑洞间的相互融合。当黑洞相互融合时，两秒钟内就释放出巨大能量。

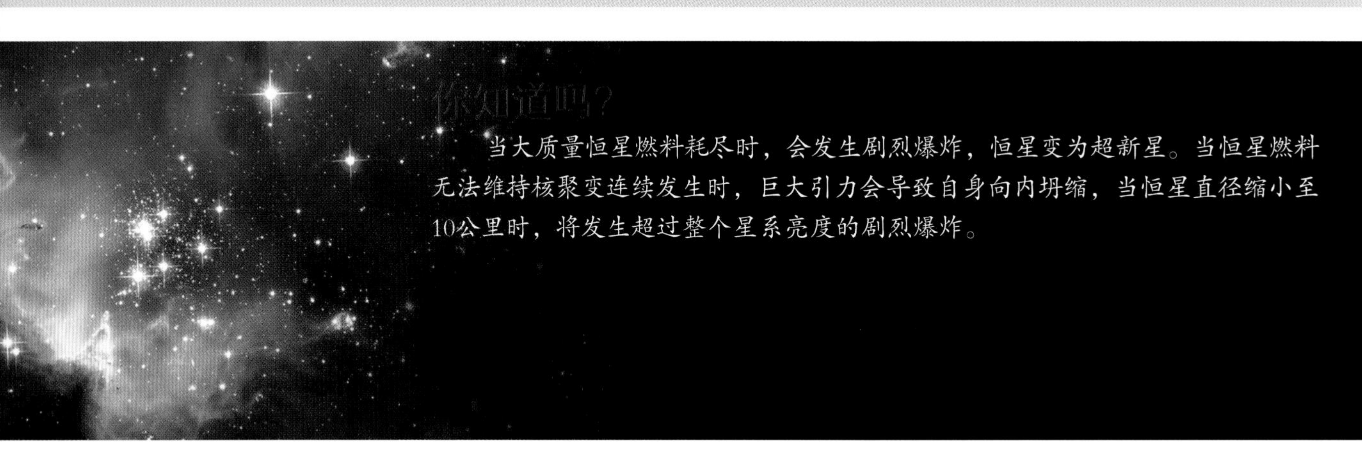

你知道吗?

当大质量恒星燃料耗尽时，会发生剧烈爆炸，恒星变为超新星。当恒星燃料无法维持核聚变连续发生时，巨大引力会导致自身向内坍缩，当恒星直径缩小至10公里时，将发生超过整个星系亮度的剧烈爆炸。

这幅艺术家作品中，中子星正被黑洞的超强引力所吸引（1）。随着中子星旋转靠近黑洞，其周围产生强有力的引力波（2）。在两者融合的最后两秒钟，产生亮度超过整个星系的伽马射线暴（3）。融合结束，伽马射线暴消失，形成更大质量的黑洞（4）。

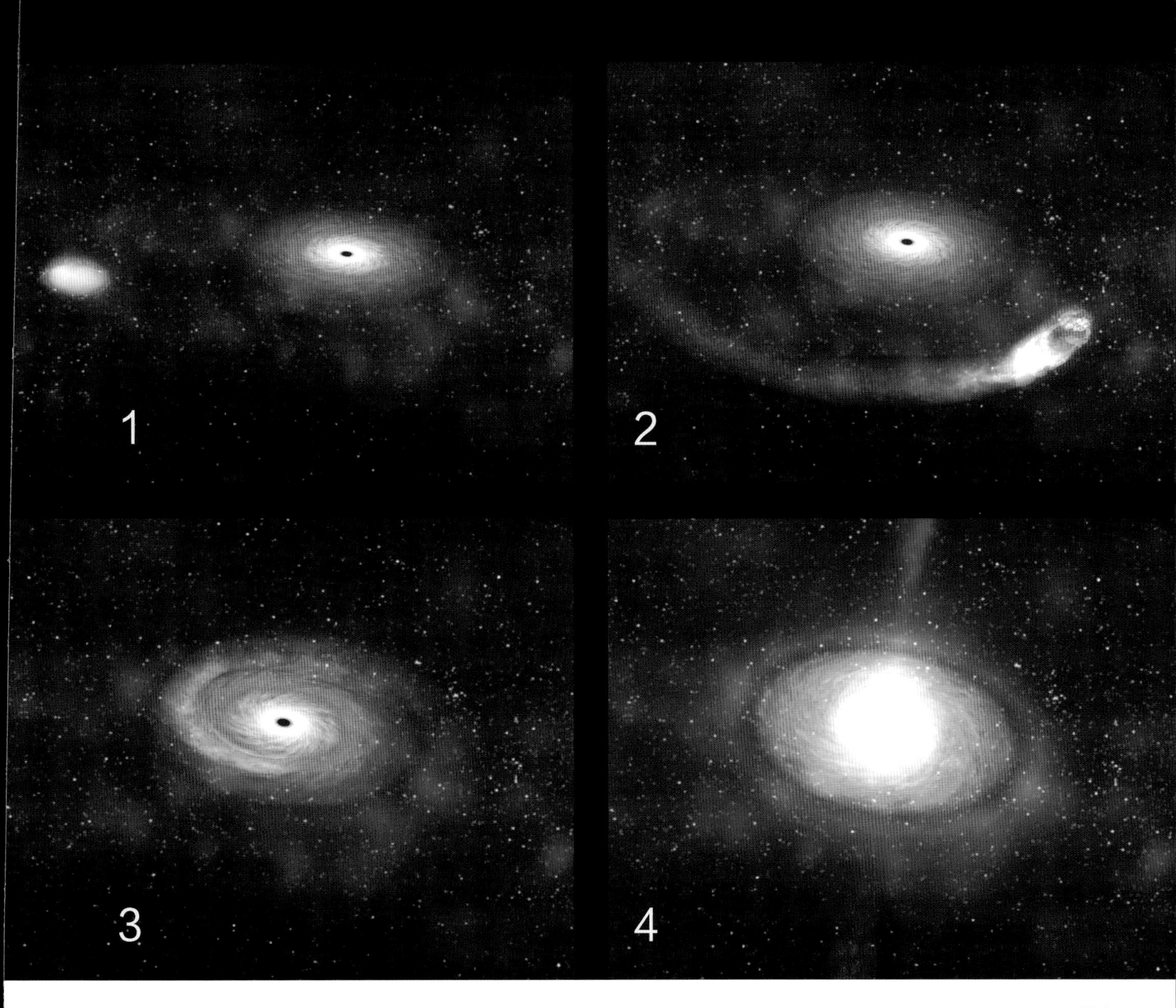

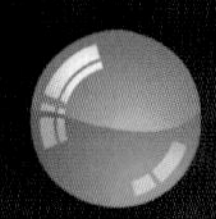

空间天文台可以被用于观测宇宙深处吗?

空间天文台拍到许多宇宙深处的精彩照片，哈勃空间望远镜拍到的照片证明，很小部分的宇宙空间就已经有数千个星系。有些星系间的距离很近，有些星系间的距离可以达到数十亿光年。宇宙刚诞生时，这些星系发出的光能帮助我们了解早期宇宙的样子。

黑暗时代

多数科学家认为宇宙诞生于138亿年前的大爆炸，随着宇宙逐渐膨胀和冷却，氢元素随之产生。自宇宙诞生到第一颗恒星出现，这期间的数亿年叫作黑暗时期。2008年，哈勃空间望远镜和斯皮策空间望远镜观测到某遥远星系130亿年前发出的光，显示当时该星系正在诞生恒星，可能宇宙最早的一批恒星就存在于这个星系。

电脑模拟图像中，星系构成巨大的丝状物，跨度可达数十亿光年。

宇宙中星系的分布与宇宙微波背景辐射的变化相符。

你知道吗?

2007年，科学家发现了一个巨大的空洞，里面既无恒星也无其他物质，其跨度达近10亿光年。

科学家借助空间天文台观测到宇宙最边缘的物体，并且绘制出整个宇宙的结构图。

最遥远的伽马射线暴

伽马射线望远镜已经观测到宇宙深处的光线，伽马射线暴异常明亮，能够穿越数十亿光年。2009年，雨燕卫星观测到当时最遥远的伽马射线暴，这是由宇宙最早期的恒星坍缩成为黑洞时放射出的，在那时，宇宙只有不到5亿岁。

大尺度纤维状结构

因为成功绘制宇宙微波背景，天文学家有了新的了解宇宙的方法，宇宙微波背景的微小变化对应宇宙中特别大的结构变化。天文学家发现了由星系构成的纤维状结构，它围绕在那片跨度达数十亿光年的空白区域周围。通过空间天文台，科学家可以探测宇宙的全貌。

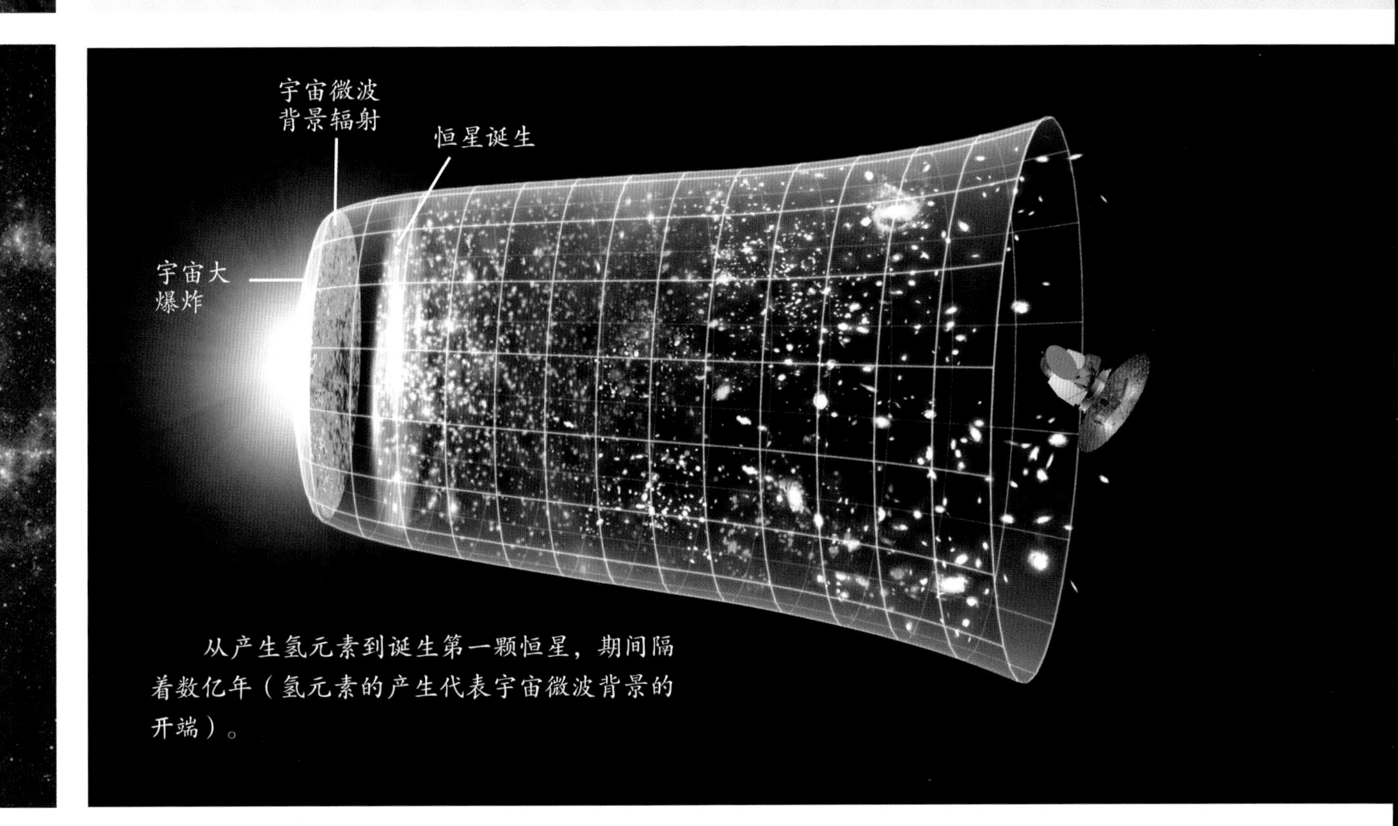

从产生氢元素到诞生第一颗恒星，期间隔着数亿年（氢元素的产生代表宇宙微波背景的开端）。

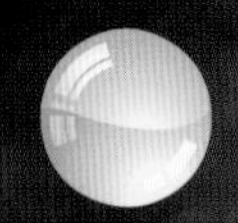

空间天文台可以被用于研究地球吗?

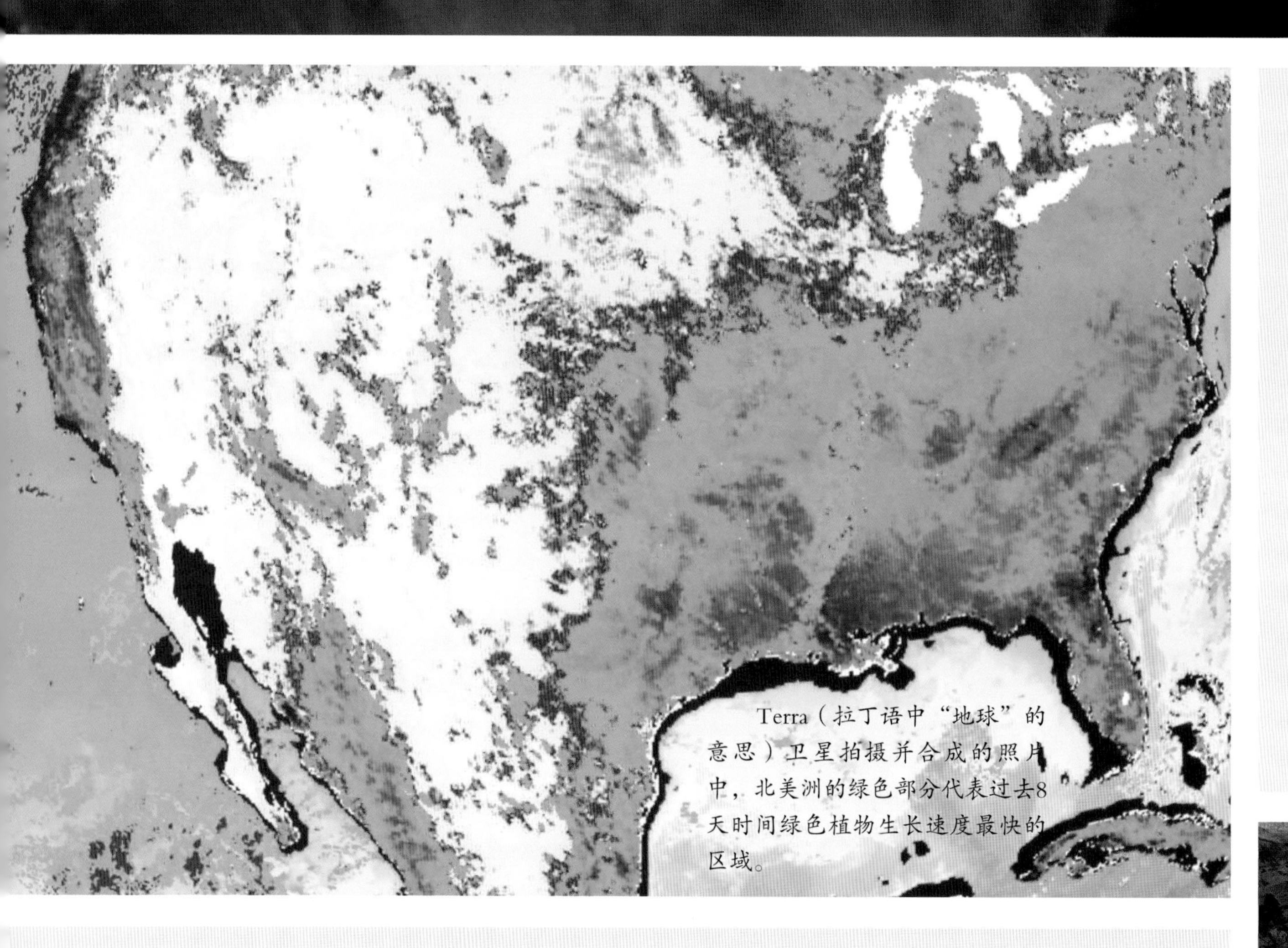

Terra（拉丁语中“地球”的意思）卫星拍摄并合成的照片中，北美洲的绿色部分代表过去8天时间绿色植物生长速度最快的区域。

空间天文台不仅可以解决宇宙问题，还能帮助我们研究地球，气象卫星提醒我们风暴即将来临，其他卫星可以用来绘制陆地和海洋地图。

气象卫星

多数最先被送至太空的卫星都是气象卫星。1960年，美国宇航局成功发射第一颗气象卫星——红外波段遥感气象卫星。如今，已经有许多气象卫星在看着地球，这些卫星装有的照相机可用于观测云层并跟踪风暴，装有的传感器可用来测量温度和湿度。

气候卫星

有些卫星用于监测天气的长期变化，例如发射于2003年的用于测量冰盖、云层和陆地地形的卫星ICESat，它利用激光测量北冰洋海面冰盖的范围。数据显示，随着地球变暖，冰盖范围正在变小。

美国宇航局的Aura卫星（EOS CH-1）可以测量臭氧层的变化。臭氧层是地球大气层的组成部分，可以阻止紫外线直接照射在地球表面。

1999年发射成功的Terra卫星（EOS AM-1）能帮助科学家研究地球的气候变化，并记录大气层温度的变化。

陆地表面

最重要的观测地球的天文设备是地球资源观测卫星系统，其中包含从1972年到1999年期间先后发射的7颗卫星。该卫星系统已经拍摄了数百万张地球的细节照片。地球资源观测卫星系统让科学家可以更好地检测因森林毁坏而造成的后果。现如今，位于地球之上的诸多卫星已经绘制出大部分地球表面的地图。所有图片都可以在网络上免费查看。

激光地球动力学卫星用于探测地壳运动，位于地面的激光发射器发出的激光波被卫星上的反射器弹回，弹回的光可以让科学家了解地壳运动中极细微的变化。

海洋运动

一些卫星用于探测海洋，例如美国宇航局成功发射的Aqua（拉丁语中意为“水瓶座”）卫星。2008年，美国和法国联合成功发射OSTM / Jason-2卫星，用于研究海平面高度与气候变化之间的关系。

根据Terra卫星收集到的数据，制作出美国科罗拉多州丹佛地区森林大火及其烟雾的蔓延情况动画。

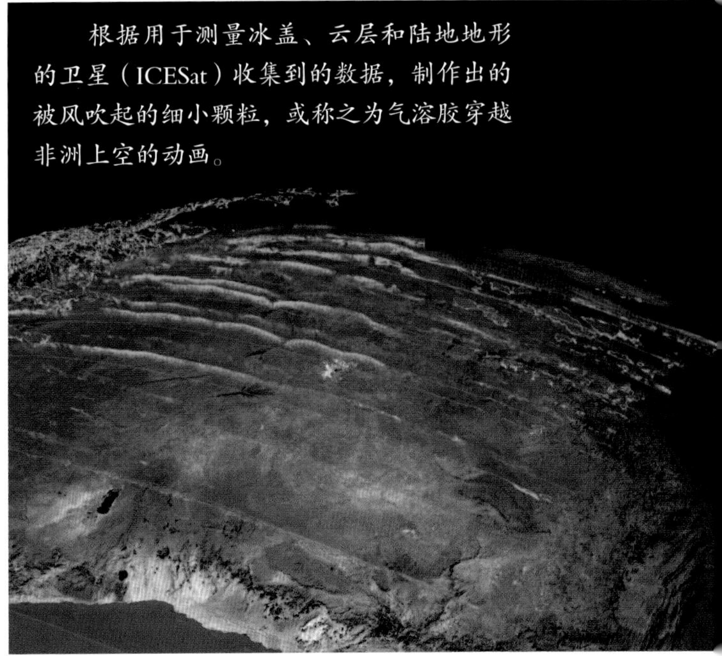

根据用于测量冰盖、云层和陆地地形的卫星（ICESat）收集到的数据，制作出的被风吹起的细小颗粒，或称之为气溶胶穿越非洲上空的动画。

空间天文台可以被用于研究太阳吗?

空间天文台已被用于研究太阳大气层，科学家用其监测太阳风暴，当足够干扰地球的强烈太阳风暴出现时，会发出警示。

未经探测的紫外线

因为大气层能屏蔽大部分紫外线和X射线，在空间天文台出现之前，科学家无法探测被屏蔽的这部分射线。20世纪70年代，美国宇航局借助天空实验室空间站上的紫外线望远镜成功绘制出太阳大气层最外层的图像，同时探测到太阳耀斑和其他太阳风暴。

太阳风暴

太阳会发生周期很长的太阳风暴，并会强烈干扰地球的通信和其他电子设备，剧烈的太阳风暴甚至能破坏卫星、扰乱无线电传输，甚至干扰地球上电路中的电流。为避免太阳风暴造成的损失，可以利用研究太阳的空间天文台，事先发出警告。

在这张由日本日出卫星拍摄的照片中，太阳被月球部分遮住。日出卫星用于研究太阳大气层及其磁场分布。

你知道吗?

太阳非常大，如果将地球比作玻璃弹珠，将太阳比作一个碗，那么，需要100万个地球才可以填满这个碗。

向太阳进发的先锋

科学家已经成功发射了许多太阳探测器。1990年，尤利西斯号探测器成功发射，这是第一台环绕太阳旋转的探测设备，其上装有X射线望远镜和伽马射线望远镜。1995年，欧洲宇航局和美国宇航局联合成功发射太阳和日球层探测器（SOHO），以探测太阳大气层的内层和外层。1998年，美国宇航局成功发射太阳过渡区与日冕探测器（TRACE），其上装配的高分辨率紫外线望远镜可以更详细地探测太阳大气层的情况。2001年，起源号探测器成功发射，它收集到了从太阳喷射出来的粒子。

2006年，日本、英国和美国联合成功发射日出卫星（Hinode）。日出卫星研究太阳磁场，太阳磁场与太阳风暴的产生有密切关系，日出卫星能探测到太阳大气层外层发射出的X射线。

日出卫星拍摄到的太阳大气层内层放大图像中，温度较高的气体（高亮区域）向外溢出，温度较低的气体（阴影区域）向内扩散。

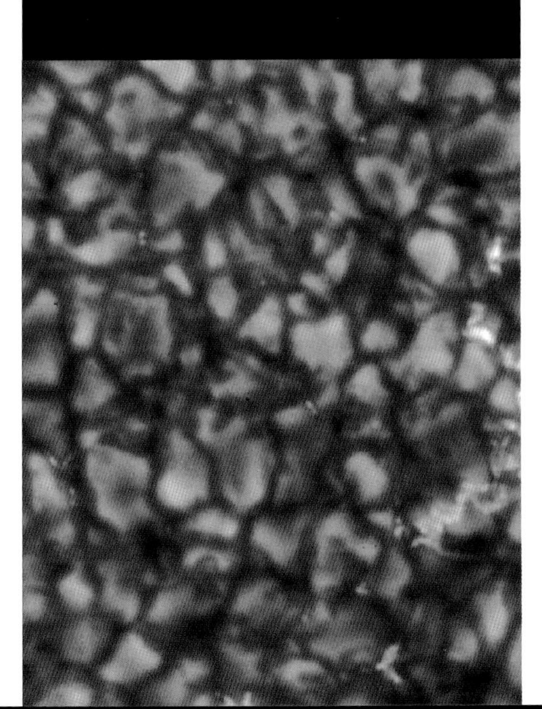

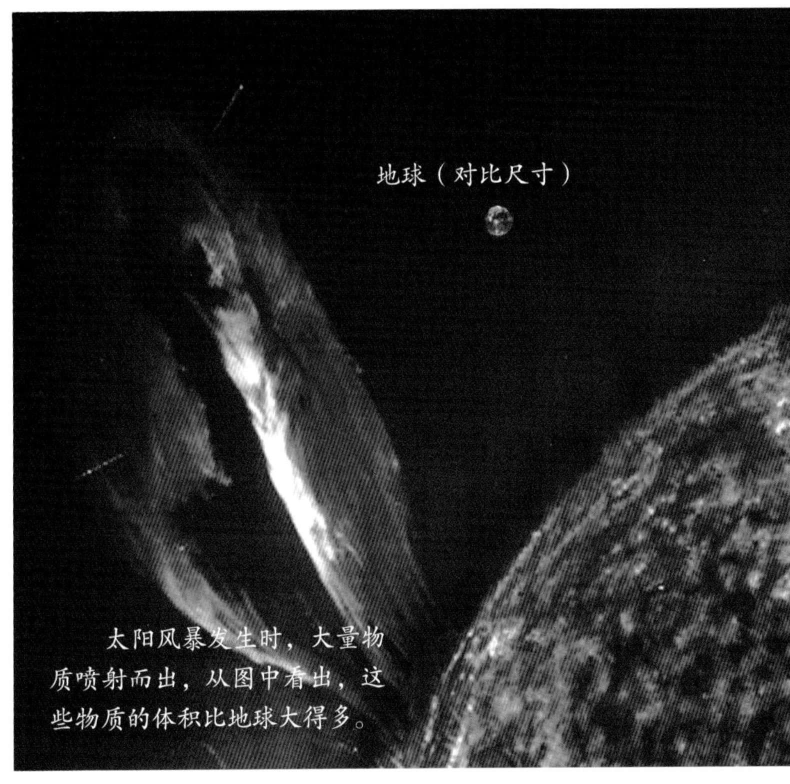

太阳风暴发生时，大量物质喷射而出，从图中看出，这些物质的体积比地球大得多。

空间天文台可以被用于探寻系外行星吗?

天文学家普遍相信围绕其他恒星旋转的行星的存在，但是直到20世纪90年代，他们才发现系外行星存在的证据。到现在为止，天文学家已经发现了超过4000颗系外行星。

探测方法

系外行星很难发现，行星反射所围绕的恒星发出的光线，但这又很容易淹没在恒星的星光中。通常情况，行星反射的光线亮度仅是其围绕恒星的百万分之一。

多数系外行星无法直接看到，需要通过测量恒星的运动去寻找。尽管行星远比恒星小，但其引力足以拉动恒星。

还有一种探寻系外恒星的方法，行星围绕恒星旋转时，在某个瞬间，恒星的亮度出现微小变化，通过测量亮度变化，可以找到行星踪迹。除此以外，通过观测系外行星的反射光线，部分系外行星是可以被直接看到的。

至少有4颗行星围绕格利泽581旋转，这颗恒星距离地球20光年。

利用空间天文台，科学家已经发现了许多围绕恒星旋转的行星。随着新的探测设备成功发射，科学家保证能够发现类地行星。

行星猎手

空间望远镜在探测系外行星的任务中已做出了卓越贡献。2007年，斯皮策空间望远镜首次探测到系外行星的光谱。该光谱证明，这颗行星的大气层中存在水蒸气。地球上所有生命的基础是水，这个消息让科学家非常兴奋，他们希望通过寻找存在水的行星来发现外星生命。2008年，哈勃空间望远镜首次尝试在可见光下探测系外行星，发现一颗行星围绕距离地球25光年的北落师门旋转。

2009年，开普勒空间望远镜开始寻找与地球类型相同的岩质行星，它通过观测行星对其围绕旋转的恒星的亮度的影响，确定行星是否为岩质行星。为了提高效率，开普勒空间望远镜同时监测了10万颗恒星。

围绕格利泽518旋转的岩质行星，其质量是地球的5倍，此图由插画师绘制。

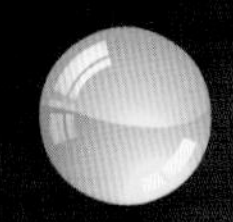

空间天文台的未来

詹姆斯·韦伯空间望远镜

美国宇航局计划在2021年发射詹姆斯·韦伯空间望远镜，它将装有口径为6.5米的镜面，比哈勃空间望远镜的2.4米镜面大得多。詹姆斯·韦伯望远镜将用于探测130多亿年前第一个星系的形成过程。因为宇宙膨胀，在宇宙中行进了130多亿年的光发生了巨大红移，因此，它的观测对象是红外线。詹姆斯·韦伯望远镜将在距离地球150万公里远的位置运行，利用巨大的遮光板挡住太阳光。

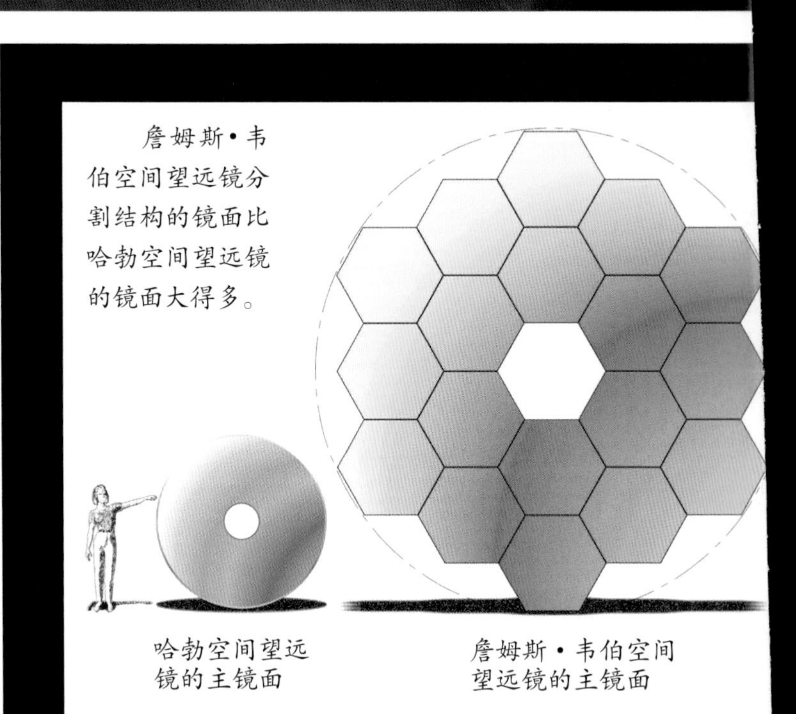

詹姆斯·韦伯空间望远镜分割结构的镜面比哈勃空间望远镜的镜面大得多。

演化激光干涉空间天线（eLISA）由三颗相同的卫星构成，通过相互发射激光探测引力波。该项目计划于2034年运行，这将是人类第一座空间引力波天文台。

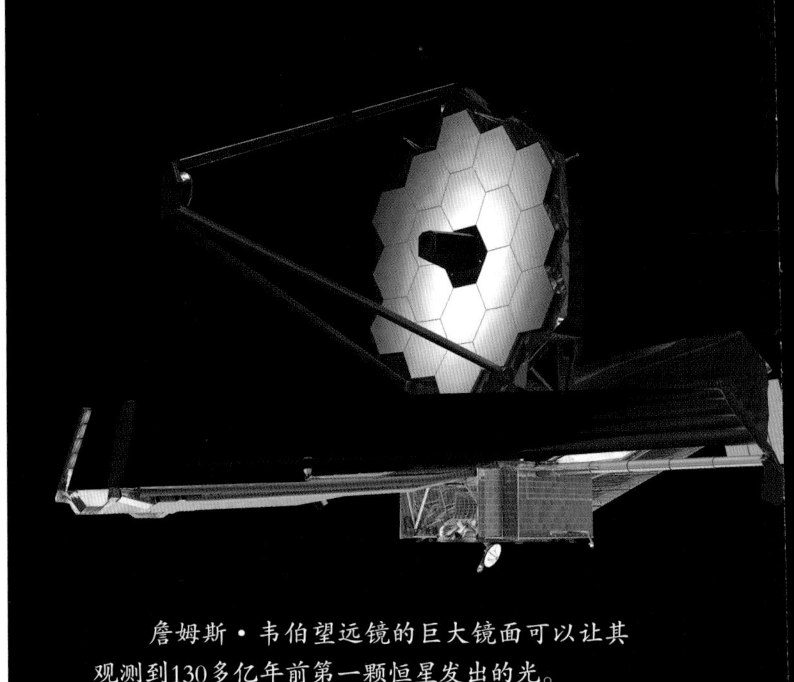

詹姆斯·韦伯望远镜的巨大镜面可以让其观测到130多亿年前第一颗恒星发出的光。

科学家正计划发射更强大的探测器，目标直指更深处的宇宙。

引力波

人们制造探测器的目的有时候很古怪，物理学家阿尔伯特·爱因斯坦的相对论预言宇宙中存在引力波，2015年，科学家证实了引力波的存在。演化激光干涉空间天线（eLISA）由三颗相同卫星构成，它们覆盖的面积大于月球轨道围出的面积，三颗卫星通过相互发射激光以探测引力波。引力波的探测或许可以为了解中子星、黑洞和超新星的形成和行为提供新视角。演化激光干涉空间天线计划最早将于2034年实施。

只为测算

另一个探测设备能以前所未有的精度测算恒星间的距离，那就是太空干涉测量任务（SIM Lite）天文台。它将两个望远镜收集到的数据整合，生成极高分辨率的照片，不只可以精确测量距离，还能用于探寻与地球大小差不多的系外行星。

但此项任务于2010年因为经费紧张被取消，但未来可能还会有类似的任务。

此为演化激光干涉空间天线的艺术构想图。

《璀璨的银河》

《黑洞及类星体》

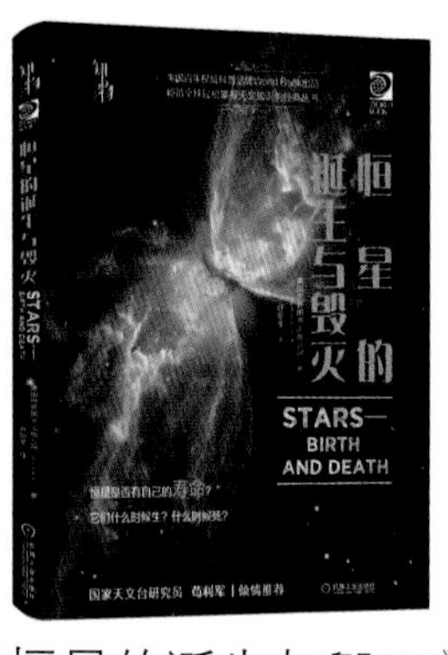

《恒星的诞生与毁灭》

《恒星的故事》

《漫游星系》

《神秘的宇宙》

《探寻系外行星》

《遥望宇宙：地面天文台》

《宇宙穿越之旅》

《宇宙瞭望者：空间天文台》